AF494459

NOTE SUR LES DERNIERS TRAVAUX DE M. MAILLARD

PAR

MICHEL LÉVY
Ingénieur en chef des mines,
Directeur des services de la Carte géologique détaillée de la France
et des Topographies souterraines.

Le service de la carte géologique de la France, déjà si cruellement frappé par la mort de Lory, vient encore de perdre un de ses plus éminents et de ses plus zélés collaborateurs, dans la région des Alpes : Gustave Maillard est mort à trente-deux ans, enlevé prématurément à la science au moment même où il allait recueillir le fruit de ses laborieux efforts et nous donner, avec la feuille d'Annecy, une étude vraiment magistrale sur la stratigraphie des Hautes-Alpes de la Savoie.

J'avais personnellement eu l'occasion de faire, l'année dernière, quelques courses communes avec Maillard ; nous avions commencé, sur les feuilles d'Annecy et de Vallorsine, à raccorder nos contours respectifs et, dès ce commencement de collaboration, que nous espérions fructueuse, j'avais conçu la plus haute estime pour l'énergie, la science et le coup d'œil stratigraphique de mon compagnon.

Je considère comme un devoir de publier, même incomplètes, les dernières notes que notre regretté collaborateur m'avait transmises. Il devait les réviser, après la prochaine campagne, et en tirer des résultats que je prévoyais dignes d'admiration. Voici, en effet, le paragraphe que j'avais consacré à ses travaux dans mon rapport général sur l'année 1890 :

« M. Maillard a continué, avec énergie, à explorer la partie la plus abrupte « de la feuille d'Annecy, les environs du Buet et la suite des accidents singuliers « que jalonnent la Dent de Morcle, le Grand Muveran et la Dent du Midi. Ils pé- « nètrent sur la feuille d'Annecy par la portion de la frontière, comprise entre « Tanneverge et les Dents Blanches : les plis couchés crétacés finissent rapide- « ment ; celui du noyau jurassique se suit au Grenairon, puis aux Faucilles du « Chantet sur le flanc oriental du vallon de Salles. J'incline à penser que sa pro-

« longation passe à la cascade d'Arpenaz, dans la vallée de l'Arve, où les cou-
« ches du Malm se plient en C d'une façon remarquable.

. . . .

« Les admirables coupes relevées par M. Maillard avec un talent et une éner-
« gie auxquels je dois rendre hommage, feront en 1891 l'objet d'un *Bulletin* ; si
« elles confirment mes prévisions, elles présenteront un intérêt théorique consi-
« dérable puisqu'elles relieront les simples accidents en C d'Arpenaz et des Fau-
« cilles du Chantet au pli couché formidable de la Dent du Midi, que les coupes
« de M. Schardt ont récemment appris à bien connaître ».

Avant de reproduire *textuellement* le rapport de Maillard, daté du 4 décembre 1890, je crois devoir juxtaposer ses coupes aux miennes pour faire ressortir les faits qui m'ont permis les déductions théoriques, encore hypothétiques, qui précèdent ; j'aurais voulu que ces déductions, *tout entières basées sur les coupes de détail de Maillard*, eussent reçu la consécration de ses propres vérifications et son assentiment personnel [1]; il nous faut renoncer à cet espoir qui semblait cependant si légitime.

Les coupes Pl. I sont donc le résultat d'un travail de juxtaposition et d'interprétation dont notre collaborateur n'a pas assumé la responsabilité et que je ne livre à la publicité, à titre encore hypothétique, que pour faire ressortir l'importance théorique des travaux qu'il aurait achevés cette année.

[1] *Entre nous soit dit, je crois fermement, comme vous, que les plis des Faucilles du Chantet et de la cascade d'Arpenaz sont la continuation de ceux de la Dent du Midi.....* (Lettre de Maillard, du 4 avril 1891).

SALÈVE

RÉGION MOLLASSIQUE

ALPES DE SIXT, DE SAMOENS ET VALLÉE DE L'ARVE

PAR

G. MAILLARD.

Les études que j'ai faites en 1890 sur la feuille « *Annecy* » ont porté sur *le Salève*, sur quelques points qui me restaient à vérifier de la *région mollassique*, sur les massifs assez compliqués des *montagnes de Samoëns et de Sixt*, et enfin j'ai mis au net d'une manière *définitive* certains tracés des *Alpes des environs immédiats d'Annecy*. Je vais exposer les résultats obtenus dans chacune de ces régions.

I. SALÈVE

L'étude de cette montagne peut maintenant être considérée comme terminée, en ce qui concerne du moins le service de la Carte. Les horizons étant très faciles à reconnaître et la structure étant des plus simples, je n'ai eu qu'à tracer les limites des terrains. Il en résulte un figuré plus détaillé, mais peu différent de ce qu'on connaissait jusqu'à présent.

La croupe du Salève est partout constituée par le Néocomien (Hauterivien) moyen, soit par les calcaires durs, jaunâtres, esquilleux et spathiques supérieurs aux marnes à Céphalopodes qui s'appuient sur le Valangien. L'Urgonien flanque le pan Sud-Est et le Valanginien et le Jurassique supérieur forment, au flanc Nord-Ouest, une voûte déjetée, quelquefois rompue et chevauchante.

Reprenant l'étude de cette montagne au point où je l'avais laissée en 1889, j'ai constaté que la moitié Sud-Ouest, de la Croisette à Cruseilles, avait une structure beaucoup plus simple que l'autre partie. La voûte déjetée et rompue tend à devenir régulière, mais toujours inclinée, pour arriver enfin, au défilé des Usses, au pont de la Caille, à un pli normal droit, à grande envergure.

Sur le versant Sud-Est, l'Urgonien est recouvert presque partout par les sables fins, blancs, que l'on a rattachés à l'Éocène supérieur et assez mal dénommés *sables sidérolitiques*. Ces sables blancs s'entremêlent de bandes ocreuses, chargées quelquefois de filonnets ou plutôt de petits lits de fer oxydé anhydre. On trouve répartis sur la plus grande surface de l'Urgonien des *débris de scories vitrifiées*, *verdâtres, bulleuses*, provenant sans doute de ces sables, mais dont je n'ai pu m'expliquer la formation d'une manière absolument satisfaisante[1].

La *mollasse* s'appuie directement sur le sidérolitique.

Du Sappey aux Pitons. Mollasse dans les champs qui dominent le village ; dès le bois, Urgonien, jonché de *scories* sidérolitiques vitrifiées. A mi-chemin de *Grange-Coudrier* on observe un amas-lentille de sable roux, ferrugineux. Sous l'Urgonien affleure le calcaire roux néocomien supérieur ; les marnes sous-jacentes sont invisibles ici. Aux *Granges* sont les calcaires que je rattache à l'Hauterivien moyen.

Les Pitons sont sur le calcaire hauterivien supérieur, et non, comme je l'avais cru en 1889, sur l'Urgonien qui ne monte pas si haut.

Des Pitons jusqu'au delà de *Plan de Salève*, on retrouve, en nappes sur le néocomien, les sables ocreux du sidérolitique, *avec les mêmes scories* vitrifiées, dont j'ai recueilli des échantillons pour le cas où l'étude micrographique de ceux-ci donnerait des éclaircissements sur la formation de cette roche.

Une seconde course à Plan de Salève sur un autre chemin, m'a fait découvrir un point de concentration de ces sables roux, à côté d'un amas de sable blanc très pur.

Sous le *Plan de Salève* qui est *hauterivien moyen*, est un bon gisement de fossiles, abondant surtout en *Exogyra Couloni* et *Toxaster complanatus*. La coquille des *Exogyra* est silicifiée.

Du *Plan de Salève à Cruseilles par l'Abergement*. On marche sur le Néocomien tapissé de sidérolitique, et l'on atteint l'Urgonien au sommet de la descente : calcaire blanc plus ou moins compacte à la partie inférieure, mieux lité dans le haut. Au desus de l'Abergement, près des *Aveinières*, se trouve un puissant dépôt *d'erratique jurassien*, où les blocs alpins font presque totalement défaut.

A l'*Abergement* même, et à *Cruseilles*, sont des carrières où l'on exploite le calcaire urgonien. Dans chacune d'elles, on peut observer de nombreuses crevasses, quelquefois de 2 à 3 mètres de diamètre, remplies de sables sidérolitiques.

De Cruseilles au Sappey, ces amas sidérolitiques prennent une grande importance; ils forment la base des collines situées à gauche de la route; d'abord cachés dans les bois, il apparaissent bientôt au bord même de la voie (en face du point 821) ; roux et ocreux à la surface, le sable est blanc et même verdâtre dans la profondeur. Près de *Vorray* en est une petite exploitation. Les anciennes verreries d'Alex près Annecy et de Thorens tiraient leur sable des dépôts sidérolitiques de Cruseilles. Mollasse sur la route au *Vorney*.

Cruseilles même est situé en majeure partie sur un mamelon urgonien qui domine la vallée des Usses. A l'est du bourg est une tête isolée urgonienne, séparée au Nord et à l'Ouest par des langues de boues glaciaires, et flanquée sur l'autre versant par le sidérolitique, qui affleure au sortir de Cruseilles sur la route du *château de Beccon*.

La descente de *Plan de Salève* au *château de Pommier* s'effectue au flanc d'une

[1] L'examen des scories du Salève tend à les faire définitivement considérer comme des scories de forge (*note de M. Michel Lévy*).

petite gorge, et presque dans l'axe d'une petite faille, comme le montrent les deux profils ci-dessous (fig. 1 et 2).

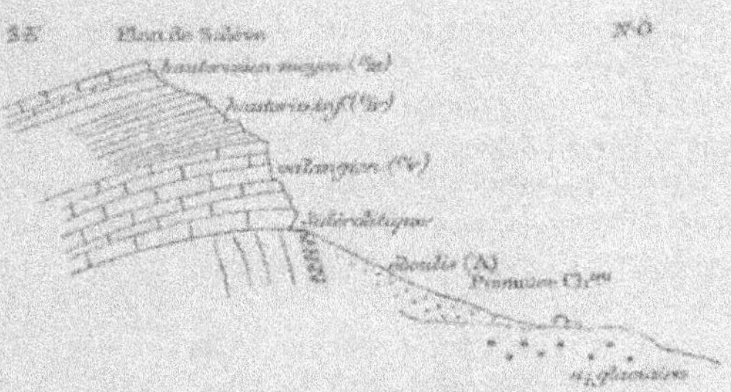

Fig. 1.
Profil sous le plan de Salève.

On voit que, plus au Sud Ouest, la voûte primitivement rompue et chevauchante, telle qu'elle se présente sous la Grande-Gorge, sous la Croisette et sous les Pitons, devient parfaitement continue et régulière. C'est une structure que reproduisent et la *montagne de la Balme* (mais en ordre inverse), et le *coteau de Lovagny*, ainsi que j'ai pu le constater ce printemps.

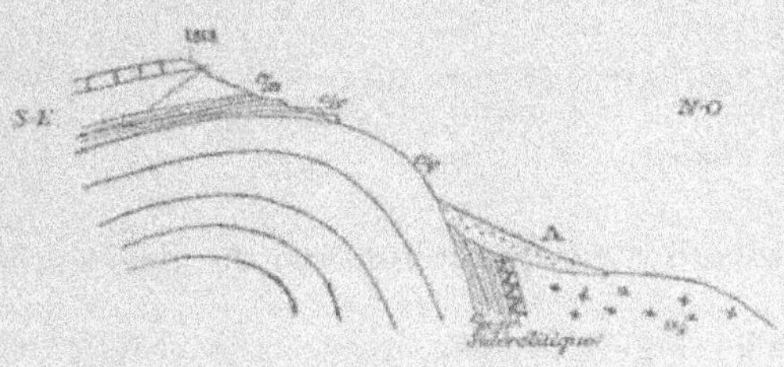

Fig. 2.
Profil au Sud-Ouest sous le point 1313.

Les couches s'abaissent insensiblement, avec la crête de la montagne, vers le Sud-Ouest, et le Néocomien finit par s'enfoncer sous d'énormes dépôts glaciaires.

Environs du Pont de la Caille. — L'Urgonien forme encore, au sud de Cruseilles, un plateau incliné sur lequel est assis le hameau du Noiray. Ce plateau se relie à la *montagne d'Allonzier*. Il est coupé de l'Est à l'Ouest par la *gorge de la Caille*, où coule le *torrent des Usses*. Les parois du ravin montrent l'Hauterivien et l'on a la coupe suivante :

1. Calcaire jaune spathique ;
2. Calcaire gris spathique ;

3. Marne noire à débris de coquilles roulées ;
4. Calcaire gris spathique à débris de coquilles ;
5. Marne noire à grosses lentilles calcaires.

Les sources thermales sourdent sur la couche 5, *rive gauche*, c'est-à-dire sur la rive médionale. Sur la *rive droite*, dans le calcaire gris 2, est une source ferrugineuse à température ordinaire. Il y a beaucoup de sources sur cette rive, mais elles sont toutes *froides*. Cela semble venir à l'appui de mon hypothèse sur l'origine des sources thermales de la Caille ; car celles de la rive droite qui viennent évidemment du Salève, sont toutes froides, et celles de la rive gauche seraient aussi froides si elles venaient de la montagne d'Allonzier ou de la Balme.

La marne 5 est le niveau à *Toxaster complanatus* ; il s'y intercale un banc à *Exogyra Couloni*, connue dans les Alpes (montagne de Soudine).

Au petit pont qui conduit aux bâtiments des Bains, on observe, dans ce banc dur à *Exogyres*, de nombreuses marmites d'érosion. De part et d'autre du torrent, ce banc est recouvert en partie par un tuf quaternaire coquiller, qui m'a fourni de nombreux échantillons d'*Helix. obvoluta*, *H. personata*, *H. nemoralis*, *H. lapicida*, *H. sericea*, *Patula rotundata*, *Limnæa minor*.

Sur le chemin du *Moulin*, rive droite, est une belle source cubant sans nul doute 1500 litres par seconde ; elle jaillit sur la marne 5 à *Toxaster*, et est conduite au moulin par un tunnel creusé dans le Néocomien.

La voûte urgonienne retombe juste au Moulin, tout à fait régulièrement,sans rupture ni faille.

Contre cette voûte, rive gauche, s'appuie une petite terrasse postglaciaire, qui butte d'ailleurs au sud contre les escarpements mollassique des coteaux d'*Avregny* et de *Choisy*.

Région quaternaire et miocène du pied du Salève

1. *Plateau entre les Pitons et Saint Julien*. — Ce plateau est constitué entièrement par le glaciaire, recouvert au pied du Salève par des accumulations d'éboulis de cette chaîne, et au Nord-Ouest par des graviers postglaciaires stratifiés. La topographie de la carte indique d'ailleurs d'une manière assez précise cette disposition : une ligne partant de Feigères et se dirigeant par les Mouilles et Neydens sur la Place près Archamps, en suivant le pied des collines, marque la limite entre les moraines de fond et les terrasses postglaciares. La Mollasse affleure encore à Verrières et au-dessus de Beaumont et peut-être au *bois Montalion*, mais ce n'est pas sûr.

2. *Région entre Charly-Jussy et les Usses*. — Presque entièrement formée par le glaciaire. La Mollasse n'affleure que dans les ravins des ruisseaux (Nant des Emollières, de Saint-Martin, de Pesse-Vieux). A ce dernier point, c'est-à-dire après le deuxième pont en allant de Féchy à Rouzier, on trouve des marnes à concrétions calcaires fortement redressées et plongeant environ 70° N.O.

Elles doivent donc reposer sur la continuation du Salève.

3° *Pied Sud-Est du Salève.* — La mollasse forme le flanc des coteaux, du château de Beccon près Cruseilles jusqu'au Sappey, tandis que la croupe en est généralement recouverte de glaciaire. Au *Vorney* on voit un grès bleu schisteux à feuillets ocreux ; il affleure de même entre *le Noyer* et *la Grange*. Pas de fossiles ; je ne sais si nous avons ici le niveau marin Tongrien supérieur que Favre signale au flanc du Petit Salève.

Vers la lettre G du mot *La Grange*, sur la route, affleure un banc de grès bitumineux tout noir, occupant le même niveau qu'un grès analogue que j'ai trouvé au flanc du coteau de Lovagny, au-dessus de Marny.

Au *château de Beccon*, grès schisteux qu'on parcourt jusqu'aux Usses ; il est surmonté sur la rive gauche par de gros bancs massifs. On retrouve des grès schisteux sur le plateau au sud des Usses, *chez Duret*, et une mollasse à rognons *chez Marcanton*.

Montagne de la Balme ; Coteau de Lovagny. — J'ai pris la coupe du crétacé de la montagne de la Balme ; elle diffère peu de celle du Salève ; en gravissant l'abrupt que forme cette colline à l'Ouest, du côté de *La Balme* on trouve :

10. Jurassique, oolitique blanc ; Portlandien.
9. Brèche à cailloux noirs ; niveau du Purbeckien ?
8. *Valangien* inférieur ; petits bancs calcaires.
7. *Valangien* supérieur ; grand massif de calcaire blanc.
6. *Néocomien* inférieur ; calcaire roux oolitique.
5. » moyen ; marnes bleues et jaunes.
4. » supérieur ; calcaire roux.
3. *Urgonien* inférieur, en gros bancs ; calcaire blanc spathique.
2. » supérieur, en petits bancs ; *Pyrina pygæa*.
1. *Rhodanien*, calcaire jaune à *Pterocera Pelagi*.

Source de Bromines. — Elle sort au flanc S.-E. de la montagne de la Balme, au lieu dit Bains de Bromines, d'une faille verticale entre le conglomérat sidérolitique et l'Urgonien. Sa température est de 16° centigrades ; cette quantité est constante. Autrefois la source variait en débit et en température : on en a porté la captation à 7m de profondeur, et on a ainsi évité le mélange d'eau superficielle. Voici la composition de l'eau, telle qu'elle résulte d'une analyse faite en 1854 au laboratoire de l'école La Martinière à Lyon.

Dans deux kilogrammes d'eau on a trouvé :

Potasse	5 milligrammes
Bicarb. de soude	67
» de magnésie	15
» de chaux	109
Sulfure de calcium	7
Chlorure de sodium	7
Sulfate de chaux.	15
» d'alumine	6
Silicate de magnésie	25
» d'alumine	7
	243 milligrammes

Une autre source sort à 20 mètres au S.-O., d'une faille verticale qui est probablement la continuation de la première; l'eau de cette seconde source paraît plus sulfureuse ; elle est plus froide et plus variable de débit.

Coteau de Lovagny. — Au-dessus de Marny et de Poissy, l'Urgonien supporte un conglomérat calcaire, composé en grande partie de cailloux urgoniens et rhodaniens, tapissés de calcite concrétionnée. Au Sud-Ouest, ce conglomérat passe à un poudingue à cailloux de silex blond analogue à ceux de la craie de Champagne. J'ai suivi ce dépôt, où s'intercalent des sables blancs comme ceux du sidérolitique du Salève, jusqu'au-dessus de Lovagny. La feuille de Nantua de la carte géologique, sur laquelle est située ce dernier village, n'en fait aucune mention. Je crois pouvoir les paralléliser avec les dépôts sableux du Salève, et avec les conglomérats à cailloux siliceux, et les sables ferrugineux du flanc S.-E. de la montagne de la Balme.

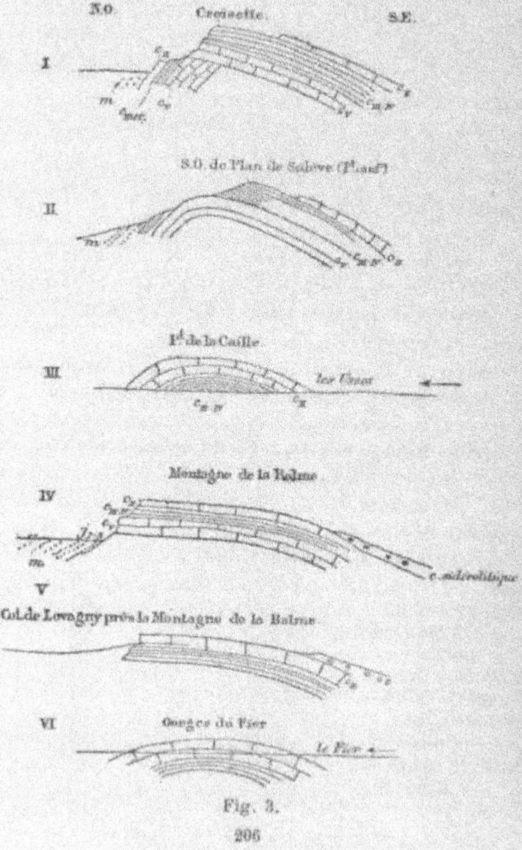

Fig. 3.

Ce sidérolitique tapisse en nappes isolées le dos du coteau de Lovagny ; mais la densité des broussailles m'a empêché d'en reconnaître les limites d'une façon précise.

Au dessus de Marny, on y trouve intercalé un banc de 0m30 d'un grès noir bitumineux, surmonté d'un autre grès verdâtre à lits de cailloux anguleux de silex.

Les profils ci-joints (fig. 3), purement schématiques, montrent les répétitions dans la structure orotectonique du Salève, telles qu'on les observe en parcourant cette chaîne dans le sens de sa longueur, du N.-E. au S.-O.

On voit que la voûte chevauchante de la coupe de la Croisette (n° I) passe, sous Plan de Salève, à une voûte normale un peu déjetée (n° II). Au Pont de la Caille l'anticlinal est plus régulier encore (III). Le chevauchement se répète à la Montagne de la Balme et à l'extrémité N.-O. du coteau de Lovagny (IV et V). Enfin l'extrémité S.-O. de cette même croupe montre une dernière fois la voûte normale, faible et surbaissée, répétant exactement la structure observée au Pont de la Caille.

En outre, on observe sur la longueur de cette chaîne deux décrochements horizontaux qui en brisent l'axe longitudinal. Le premier passe par la Balme de Sillingy ; le second par le bourg de Cruseilles, et correspond à un changement dans la structure tectonique. C'est ce que montre le schéma suivant (fig. 4) :

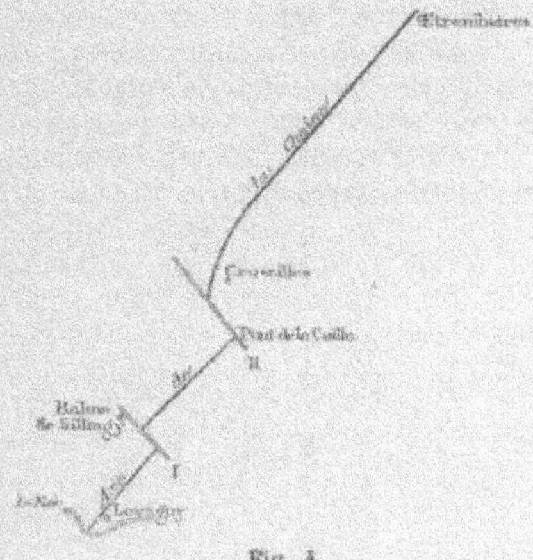

Fig. 4.

La première de ces failles se trouve dans la prolongation de celle qui court dans l'axe du lac d'Annecy et dans l'autre direction elle paraît se poursuivre dans le chaînon du Vuache, qui est un anticlinal chevauchant.

De son côté le pli du Salève se poursuit au Nord-Est dans l'axe anticlinal des dépôts de la mollasse suisse.

II. RÉGION MOLLASSIQUE.

Mes courses dans la région mollassique se sont bornées à une petite reconnaissance des environs de Cran et de Poisy, et du versant de la montagne de Veyrier au dessus des Barattes.

Cran. En aval du pont sur le Fier, rive gauche, j'ai trouvé enfin des fossiles dans les marnes miocènes. Je crois avoir reconnu *Hélix Lausanensis*, Dumont et Mortillet, et *Limnæa urceolata*, Sandberger, espèces qui caractérisent ailleurs le *Langhien* ou *Mayencien*. Le mauvais état de ces fossiles me laisse dans le doute à leur égard, mais par leur trouvaille se trouve combattue l'opinion de Benoît, qui n'a jamais voulu admettre de mollasse d'eau douce dans le synclinal entre le Salève et les Alpes.

La mollasse affleure au dessous de *Poisy* près de *Vernaz*. Le reste du plateau est constitué par les dépôts glaciaires, dans lesquels a été percé en entier le tunnel de Brassilly. Au Nord-Ouest de Poisy, sont des tourbières autrefois exploitées, qui paraîtraient être de formation très récente, si l'on en croit Mortillet : on a trouvé au fond de l'une d'elles un pliant en fer incrusté de cuivre, de l'époque carlovingienne. A mon avis, ceci ne prouve absolument rien.

Barattes. Les Barattes sont sur le glaciaire. Au dessus est un grès fin roux verdâtre, renversé. Il repose sur un grès plus grossier cristallin. Enfin, apparaît un conglomérat à cailloux de silex identique à celui de Balme de Sillingy. La coupe qu'un de mes prédécesseurs a pu relever autrefois est plus complète. Je la donnerai dans une notice postérieure. Aujourd'hui il est très difficile, à cause des cultures, de suivre les couches (fig. 5).

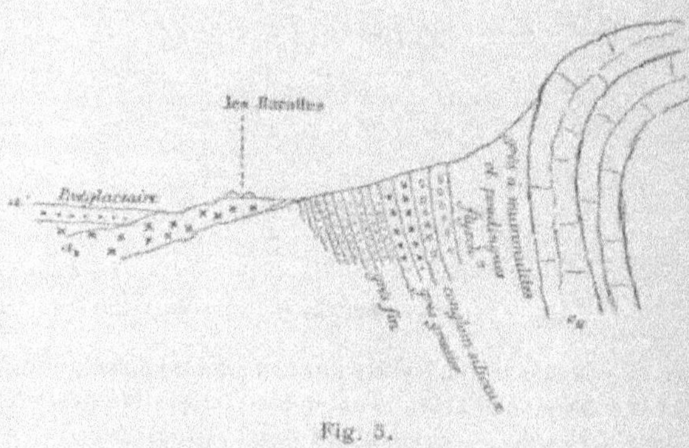

Fig. 5.

III. RÉGION ALPINE.

A. — Massif crétacé au Nord du Giffre (Environs de Samoens).

Ce massif se compose I° des anticlinaux de la Vouille ou Tête ronde (signal de Bostan) ; II° de la chaîne des Dents-Blanches qui commence au pic de Tuet ; III° de la Couarra, au nord du glacier de Foilly ; IV° des Avoudruz et du Criou, enfin V° de la Colline des Suets, au dessus du hameau de Chantemerle, rive droite du torrent du Clévieux.

La chaîne de la *Vouille*, dont le point culminant porte le nom de signal de Bostan, est formée d'une voûte urgonienne déjetée au Nord-Ouest, recouverte d'une carapace de Gault et de calcaire nummulitique et flanquée de Flysch au Nord-Ouest, à l'Ouest et au Sud-Est.

Du côté de l'Est, elle se relie à la chaîne de la Dent du Midi, dont elle forme l'extrémité occidentale.

Elle présente au Sud-Est une croupe en pente douce qui en facilite l'accès partout : c'est le pendage même des couches. Au N.O., ce pendage, étant beaucoup plus fort, détermine un abrupt inaccessible.

1° *Vallon de Bostan, et flanc Sud-Est.* Le synclinal du vallon de Bostan est formé par le Flysch renversé sous le Crétacé des Dents-Blanches. La coupe détaillée de ce terrain en cet endroit a été faite par Favre ; je n'ai pu qu'en constater l'exactitude. Ce synclinal se dédouble à son extrémité N.E., en ce sens qu'une petite voûte pincée apparaît au centre ; cette voûte gagne en importance au Nord-Ouest, à ce que je crois, et concourt à la structure de la Dent du Midi (voir les croquis ci-après).

La petite colline qui occupe l'axe du vallon depuis les chalets de Bostan, est une moraine supportée par des têtes d'un calcaire foncé à petites nummulites ; dessous, *calcaire nummulitique inférieur*, appuyé sur le *Gault*. Le Sénonien est très *aminci* ou *absent* ; je ne l'ai pas constaté d'une manière certaine.

Le *Gault* est très étendu : les gisements de Bostan sont classiques dans la géologie alpine. Il repose sur un *Aptien* brun schisteux à *Exogyra aquila*, supporté par un *Rhodanien* qui se confond presque totalement avec l'*Urgonien*, et que l'on ne distinguerait pas de ce dernier sans la présence des *Orbitolines*.

Entre la colline médiane et la chaîne des Dents-Blanches, est une crête de grès durs du Flysch, avec banc de poudingue.

L'*Urgonien* se présente au flanc Sud-Est en boutonnière étendue, laissant toutefois la crête recouverte par le Nummulitique. Cette boutonnière s'étend des chalets de Labérieux jusqu'au-dessous du Signal de Bostan. Là, le Gault et l'Éocène viennent la recouvrir et former une bande étroite. Une faille coupe bientôt ces deux terrains, et une nouvelle petite boutonnière urgonienne recommence, sous le *Signal de Foilly*. L'Urgonien est absolument crevassé et couvert de lapiaz.

2° La croupe est formée de *calcaire à nummulites*. En un point du sommet, à 500 mètres environ au S.-O. du Signal, affleure un *quartzite* absolument blanc, qui me paraît n'être qu'un filon, soit un produit d'intrusion, car j'ai retrouvé le même quartzite plus bas dans l'urgonien même. Il doit être probablement parallélisé avec les sables blancs siliceux de Cruseilles. On trouve du reste à la Dent du Midi le sidérolitique à grains de fer oolitique, analogue à certains dépôts de la montagne de la Balme.

Cet éocène forme en outre la plus grande partie du pan Nord-Ouest, où l'Urgonien ne se montre que sur un petit espace. Les couches replongent brusquement, en douves de tonneaux, en décrivant une courbe excessivement régulière et d'un aspect saisissant. Elles tombent sous un puissant massif de Flysch, qui contourne toute cette chaîne du côté de l'Ouest, et nous cache malheureusement le contact avec le territoire du Chablais, tout différent dans sa constitution.

Sur le versant Ouest, la coupe des terrains est un peu différente de celle du flanc Sud-Est. Je donne celle-ci d'abord :

1° Flysch.
2° Calcaire nummulitique à petites nummulites.
3° Calcaire à grosses nummulites, compacte.
4° Gault supérieur très fossilifère.
5° Gault inférieur schisteux, stérile.
6° Aptien rouge, conglomérat.
7° Aptien brun à *Exogyra aquila*.
8° Rhodanien à *Heteraster oblongus* et *Orbitolina lenticularis*.
9° Urgonien ; lapiaz.

Au flanc Ouest, en descendant sur la Golèze, on trouve des grès éocènes au-dessus du calcaire nummulitique ; de plus, un Aptien inférieur schisteux, sous la zone à Exogyra ; enfin le Rhodanien y est mieux différencié, sous forme d'un calcaire jaunâtre à bandes siliceuses.

La coupe de l'Éocène, au haut du vallon de Bostan, est intéressante :

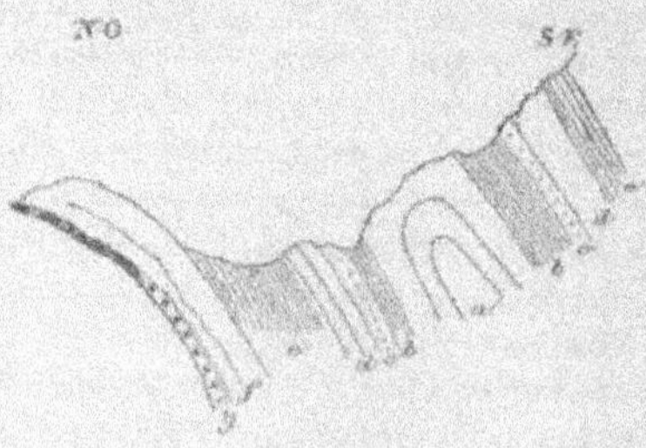

Fig. 6.

a. Calc. nummulitique gris, formant voûte. — *b*. Schistes clivés. — *c*. Grès fin cristallin. — *d*. calc. noir à petites nummul. et algues calcaires (lithothamnies). — *e*. Schisto-calcaires. — *f*. calc. nummulitique inférieur, gris blanc, compacte (est-ce Sénonien ?). — *g*. Gault.

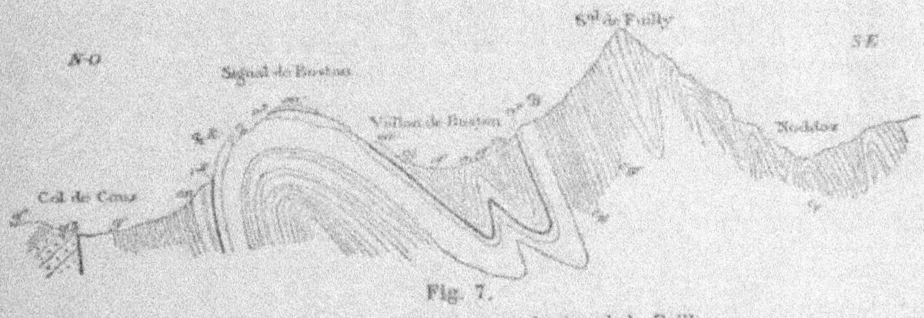

Fig. 7.

Profil de la Vouille ou Bostan sous le signal de Foilly.

ef. Flysch.
efb. Brèche du Flysch.
eg. Grès nummulitique.
en. Calcaire nummulitique.
c3 Gault et Aptien
cu R. Rhodanien.
cu Urgonien.
Cm Schistes bruns à *Toxaster complanatus* } Néocomien.
Cv Calcaire gris }
Cv Schistes noirs sans fossiles } Valangien ?

2° *Pic de Tuet et chaine des Dents-Blanches.* — 3° *La Couarra.* — 4° *Avoudruz et Criou.* — Cette région est constituée par deux anticlinaux : celui des Dents-Blanches et du Pas u Ture (Pas au Taureau, Tête au Taureau) au Nord, et de la Couarra au Sud, enfermant entre eux un petit synclinal étroit, et flanqués plus au Sud d'un autre synclinal qui s'adosse aux Avoudruz.

On nomme *Tête au Taureau* ou *Pas au Taureau* (dans le patois local : *Pas u Ture*), la sommité située au Sud du *Signal de Foilly* et à l'Ouest du *lac de la Vogealle*, et cotée sur la carte 2,456 mètres.

L'anticlinal du Nord est fermé du côté de l'Ouest par une ceinture urgonienne, que perce une petite boutonnière néocomienne dans le ravin qui longe le pic de Tuet au S.-E.

Le pic de Tuet forme l'extrémité de cette chaîne ; il est constitué par une carapace d'Urgonien, flanquée à sa base de Gault et de Craie, de calcaire nummulitique et de Flysch, ces deux-ci affleurant dans le torrent du *Clévieux*, en aval des *Allamands*. Le flanc N.-O. de l'anticlinal, qui forme en même temps le flanc S.-E. du vallon de Bostan, est renversé sous la chaîne des *Dents-Blanches* ; ce renversement atteint 45 degrés.

Le pied Nord du *Pas au Taureau* est à peu près dans l'axe du pli : ici affleurent les schistes néocomiens inférieurs ou peut être valangiens, que l'on poursuit du pied du *pic de Tuet* jusqu'au pied du *Mont-Roan*, par le *col du Sageron*.

Les *Dents-Blanches* ont une structure bien différente de celle que Favre leur a attribuée. Elles sont formées d'une crête urgonienne à laquelle s'adosse au Sud le Néocomien renversé d'abord dans la partie S.-O., puis vertical presque exactement à partir de la ligne de frontière *franco-suisse*. Cette coïncidence n'est pas fortuite : la frontière passe par le col de Bostan, qui est lui-même dans l'axe d'une petite faille, grâce à laquelle le synclinal du vallon de Bostan passe sur le flanc des Dents-Blanches, de même que l'anticlinal *de la Vouille*, de façon que, si je puis m'exprimer ainsi, l'accident géographique des Dents-Blanches assume à partir de ce point la structure de deux anticlinaux enfermant un synclinal, et concourt à lui seul dès lors à la formation des *Dents du Midi*.

Cette structure, très compliquée au premier abord, et que je n'ai pas tout de suite comprise, nécessitera encore une ou deux courses pour être tirée au clair dans tous ses détails.

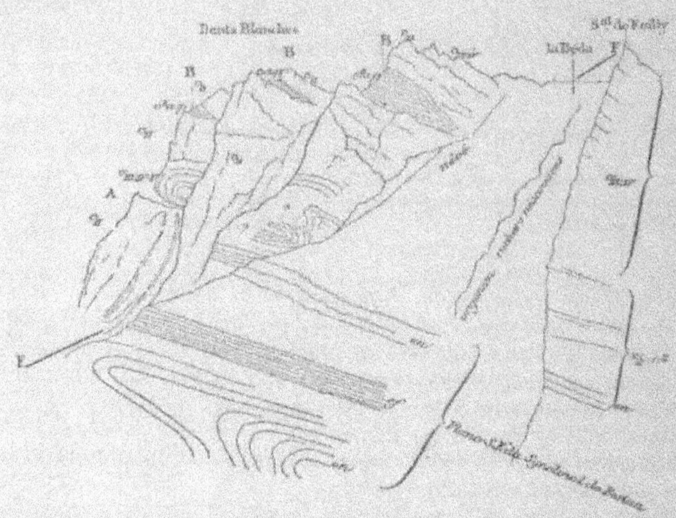

Fig. 8.

Les Dents-Blanches vues depuis le pied du Signal de Bostan, montrant l'anticlinal néocomien A, le synclinal B, et la crête urgonienne et néocomienne, continuation directe du Signal de Foilly dont j'ai figuré la structure sur la droite du dessin. L'anticlinal A est la continuation des plis de Bostan et de la Vouille. La faille FF est cachée sous les névés de la Vouille et de la Béda.

Explication des lettres :

ef. Flysch.
en. Calcaire nummulitique.
cap. Aptien, schistes rouges et verts
cu. Urgonien.
cm-iv-v. Néocomien et Valanginien. { *cm.* Schistes bruns à toxaster. *civ.* Calcaire gris à bélemnites. *cv.* Schistes noirs sans fossiles.

Le flanc S.-E. des Dents-Blanches est beaucoup plus simple : il montre le Néocomien plaqué contre l'Urgonien. Mais la complication recommence dans les rapports du Crétacé avec le Jurassique, qui ne me sont pas encore bien clairs.

Malheureusement la plus grande partie de cette intéressante structure se trouve sur le sol suisse, c'est-à-dire sur un point où nos cartes d'état-major n'indiquent plus aucune topographie. Ces allures sont dès lors très difficiles à indiquer.

La région entre cet anticlinal et le glacier de Foilly présente une tout aussi grande complication.

Au pied du Pas au Taureau s'étend un étroit synclinal de Gault et de Sénonien, qui va aboutir aux *chalets de Barmes*. Ici la carte est fausse : il n'y a point de ravin entre les chalets de Barmes et la colline qui supporte ceux de Foilly, tandis que la carte en indique un.

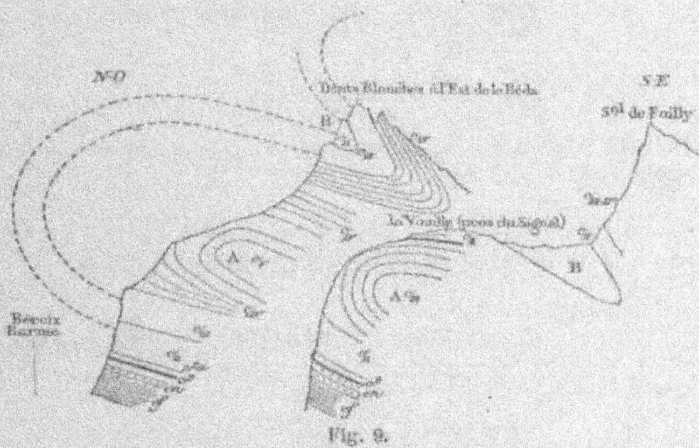

Fig. 9.

Profils montrant comment le pli de la Vouille (A) continue à l'Est dans la paroi des Dents-Blanches ; le synclinal de Bostan (B) se trouvant presque sur la crête de cette dernière chaîne. — Croquis pris de Beroix, audessus de Barmes (Valais).

Ce synclinal c^5 — c^1 va jusqu'au pied du Pas au Taureau, et est coupé net par l'abrupt qui domine la Vogealle.

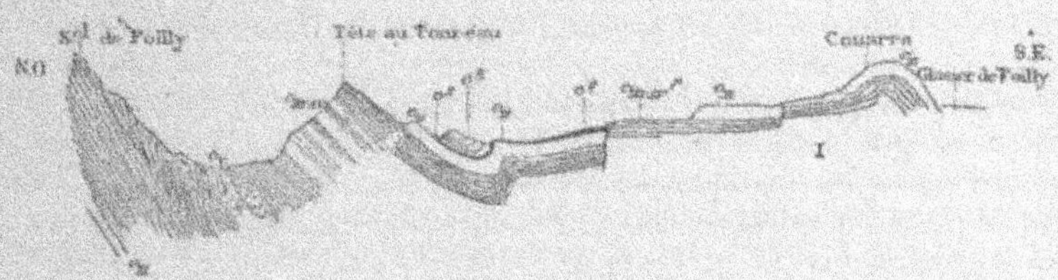

Fig. 10.

c^5 Sénonien. — c^1 Gault. — cu Urgonien. — cn-v Néocomien. — cv Valangien.

Le Sénonien forme une petite voussure secondaire de peu d'importance, de même que le Rhodanien (voir croquis plus bas). Entre ces deux terrains gisent un Gault très fossilifère et un Aptien des plus typiques. Cette langue étroite butte sur presque tout son bord S.-E. contre un calcaire gris spathique que j'ai jugé être du *Néocomien* ; c'est probablement ce que Favre a pris pour du Nummulitique quand il dit que *ce terrain affleure dans le haut du vallon de Noddaz.* L'éocène peut m'avoir échappé dans cette première course, s'il y existe réellement, mais je n'en ai pas vu trace ; j'ai au contraire constaté une faille *bien évidente* entre le synclinal et les couches qui le bordent au *Sud-Est*.

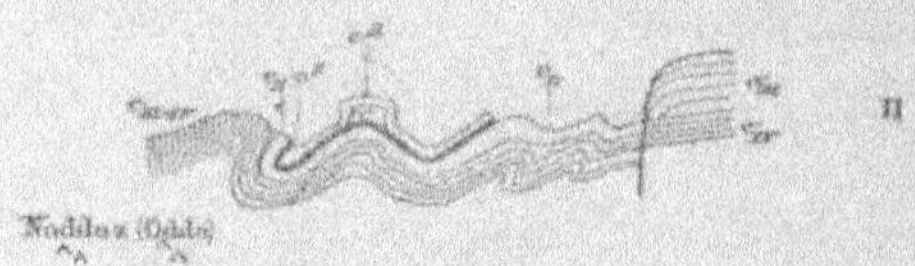

Fig. 11.

Deux profils (Fig. 10 par la tête du Taureau ; Fig. 11, plus au Sud-Ouest) à travers le vallon de Noddaz (Odda de la carte).

L'Urgonien et le Rhodanien, bien développés, surtout au pied du Taureau, donnent lieu à un vaste champ de lapiaz très pénibles à traverser.

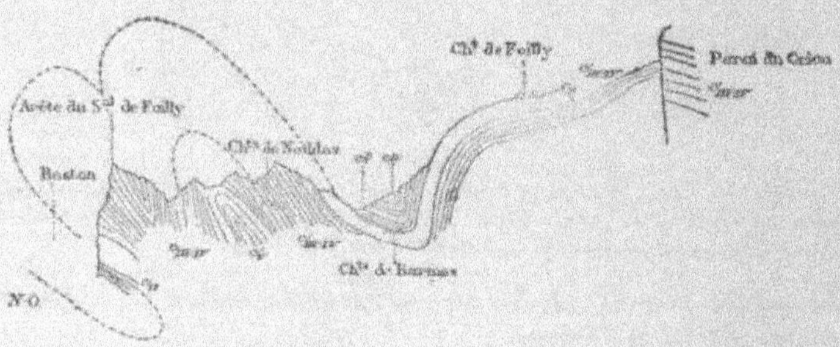

Fig. 12.

Profil du Foilly aux rochers de Griou, par les chalets de Barmes et de Noddaz.

La région comprise entre le synclinal décrit ci-dessus et l'anticlinal de la Couarra, me paraît être constituée par l'Urgonien et des bandes de Néocomien que de petites failles longitudinales (ou des plis ?) font affleurer. Je n'ai pas eu le temps de l'explorer suffisamment, et d'ailleurs elle était couverte de plaques de neige dans les champs de lapiaz, ce qui en rend le parcours assez difficile.

J'ai étudié à nouveau les Avoudruz et le glacier de Foilly (voir mon rapport pour 1888). Cette fois-ci la structure m'a paru claire, à l'exception de la présence des deux couches de Gault sur le flanc des Avoudruz.

Les couches du Crétacé supérieur, du Gault et de l'Aptien plongent au N.-O. et descendent de la crête des Avoudruz, pour se relever contre la Couarra, par dessus le glacier de Foilly.

La Couarra est un anticlinal à noyau néocomien, mais qui me paraît disloqué par des accidents secondaires, de moindre importance.

Les observations sont beaucoup plus faciles aujourd'hui qu'à l'époque où Favre les avait faites. Le glacier de Foilly, fortement amoindri, laisse mieux affleurer les couches. C'est ainsi que j'ai retrouvé les deux Gaults, alors que Favre en constatait l'absence sur ce versant.

Les profils suivants expliqueront la structure de cette région mieux que de longues descriptions.

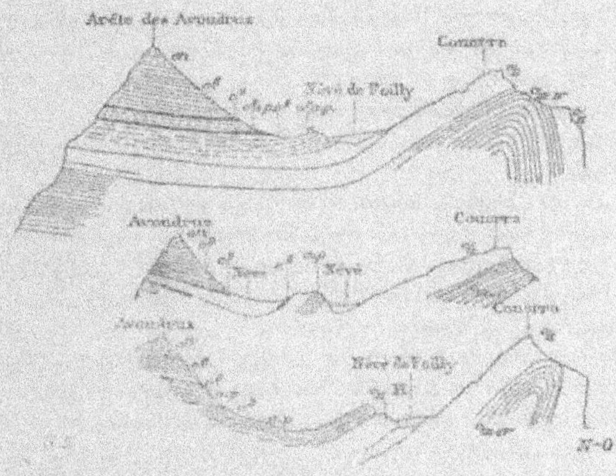

Fig. 13.

en Nummulitique. — *c*⁸ Sénonien. — *c*⁸ Gault. — *cap* ou *ap* Aptien. — *cu*R Rhodanien. — *cu* Urgonien. — *cu*I-IV Néocomien.

Le glacier ou plutôt le *Névé* de Foilly, coupé en trois tronçons, laisse çà et là apparaître son lit à nu, et l'on peut voir la continuité des couches des Avoudruz à la Couarra. J'ai cru voir en un point le Néocomien de la Couarra plonger en sens inverse, mais les assises sont tellement morcelées que ce que j'ai pris pour un joint de couches pouvait fort bien être un clivage. Du reste, cette course du Foilly étant très longue, on ne peut que faire des observations rapides et il est presque impossible de stationner longtemps au même endroit. Mais j'ai constaté que le Néocomien, couvert de plaques discontinues d'Urgonien, forme bien dans la chaîne de la Couarra une voûte régulière un peu déjetée au Nord-Ouest.

On passe sur des bandes parallèles de Néocomien et d'Urgonien, et on arrive aux *chalets de Foilly*, situés sur l'Urgonien plongeant au Nord-Ouest par dessus le Néocomien. Dès lors, en redescendant au fond du Clévieux, on ne quitte plus l'Urgonien.

Quoi qu'il en soit, la région que je viens de décrire butte en faille contre le massif des rochers de Criou et de la Pointe-Rousse.

Au Nord-Ouest, le pied du gigantesque escarpement de Criou est formé de calcaire jurassique supérieur surmonté de Néocomien et d'Urgonien, de Gault en retrait et de Sénonien formant l'arête. Le Jurassique butte jusque *sous les chalets de*

Foilly contre l'Urgonien de la Couarra et de Noddaz, et plus haut le Néocomien de Criou se trouve dans le même rapport vis-à-vis du *Gault*, du *Sénonien* et de la *crête éocène des Avoudruz*.

Quant à la présence certaine de *deux couches de Gault* au flanc des Avoudruz, présence déjà signalée par Necker au commencement de ce siècle, je l'attribue à une faille oblique de même nature et de même allure que celle que je viens de discuter. Il ne me paraît pas pouvoir exister un plissement quelconque dont l'acuité serait énorme et que rien ne fait supposer. Une faille analogue existe du reste au-dessus des chalets de Salvadon (pied sud des Avoudruz), et nous en verrons encore une dans le *vallon de Salles*, au pied N.-O. des *rochers des Fiz*, qui fait de même affleurer deux couches du Gault.

Le pied sud des Avoudruz est tel que je l'ai décrit précédemment ; je n'y reviendrai donc pas.

Au flanc S.-O. de Criou, le Sénonien descend un peu plus bas, ou plutôt le Flysch monte moins haut que je ne les avais marqués. Les chalets des *Hautes* et ceux qui leur font pendant au N.-O. du ravin, rive droite, sont sur le Sénonien. Ce sont ces derniers chalets qui portent le nom de *Granges des Feux*, et non ceux que la carte désigne ainsi beaucoup plus bas.

5° *Colline de Chantemerle et forêt des Suets.* — On désigne sous ces noms la petite colline qui s'étend au Nord de Samoëns, à l'Ouest du ravin du Clévieux, et dont un épaulement à la base porte le *Château* de Samoëns et la petite chapelle qui domine le village.

C'est une voûte néocomienne écrasée, flanquée d'Urgonien, de Gault, Sénonien et Eocène, et envahie au nord par le Flysch en transgression. Au-dessus de Samoëns, le flanc de cette colline est recouvert d'une mince croûte de calcaire nummulitique, avec de petites lèches de Flysch. Sous la *Chapelle du Château*, on observe le substratum sénonien de l'Éocène : schistes feuilletés et ondulés identiques à ceux qu'on exploite pour la chaux hydraulique dans le défilé de *Tines*, sur la route de Samoëns à Suet.

Ce Sénonien monte en bande étroite pour se développer ensuite et former le faîte de la colline, laissant passer cependant une étroite boutonnière de Gault et d'Aptien. L'Urgonien forme l'abrupt oriental et descend jusque vers la scierie à l'Est du village supporté par les schistes bruns du Néocomien supérieur. Belle source dans ce Néocomien. *Chantemerle* (hameau) repose sur le calcaire nummulitique. Tous ces terrains sont ensevelis à l'Ouest sous le Flysch qui les recouvre en transgression, jusqu'à *la faille qui nous sépare du massif Chablaisien* avec ses crêtes liasiques et jurassiques.

Nous avons consacré une demi-journée, M. le professeur Jaccard et moi, à déterminer le parcours de cette faille, qui continue par les cols de la Golèze et de Coux, et le val d'Illiez. Elle passe de près de la lettre *B* du mot Berouge, faubourg à l'Ouest de Samoëns, par les maisons de la Rosière (point 1229) et se dirige presque en droite ligne sur le col de la Golèze.

Au pied oriental de cette colline, dans le ravin de Clévieux, passe une *faille* oblique à celle-ci, qui met en contact le Néocomien des Suets avec le Flysch qui entoure de ce côté-ci le *pic de Tuet*.

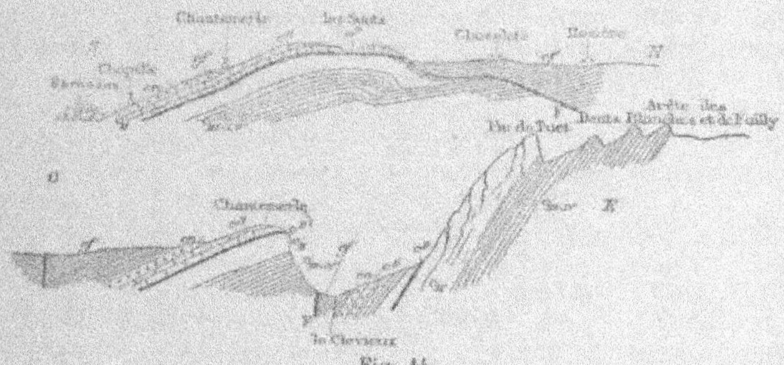

Fig. 14.

ef Flysch. — *en* Nummulitique. — *cs* Sénonien. — *cg* Gault. — *cu* Urgonien — *cIII-IV* Néocomien. — F Faille.

Coupe longitudinale de Chantemerle, montrant la faille qui la sépare du Chablais, et celle qui l'isole du Pic de Tuet, dont cette colline est la continuation.

Le Néocomien de Chantemerle a glissé vers le nord par dessous l'Urgonien, ou plutôt celui-ci s'est replié par-dessus. Le Néocomien butte en faille contre le Flysch de la Rosière et des Chosalets.

Pour en finir avec le Crétacé, et pour décrire le Jurassique en une seule fois, afin de le mieux discuter, je passe maintenant à l'étude du vallon de Salles et du cirque des Fiz, au sud de Samoëns.

B. — Vallon de Salles et cirque des Fiz.

La série crétacée s'élève depuis le défilé des *Tines*, entre Samoëns et Suet, pour aller former la base des gigantesques escarpements des *Fiz* et des *Aiguilles de Varens*. Le profond encaissement du vallon de *Salles* permet d'en faire facilement l'étude complète.

Dès son affleurement au niveau de la plaine, au défilé même, elle a subi une fracture verticale qui occasionne un redoublement du Néocomien et de l'Urgonien. On observe en effet la coupe représentée fig. 15.

En outre, plus haut, elle est interrompue par une autre faille dirigée S.-O.-N.-E., qui reporte l'abrupt urgonien sous les rochers qui dominent le lac de Gers, de façon que tout le petit cirque, limité au Sud par la sommité cotée 1586 (le Brion), m'a paru constitué par le Néocomien, qui, au Nord, butte contre le Flysch.

En montant aux chalets de Salles, on frappe, à la *cascade du Rouget*, sur des marnes schisteuses et des calcaires noirs bien lités qui forment la base du Néocomien, et correspondent à ceux des chalets de *Salvadon*, à la base de la paroi de l'*Avoudruz*. Ces couches buttent au Sud-Est contre les escarpements jurassiques des *Faucilles du Chantet*, à la base de la *pointe de Salles*. On suit ce Néocomien inférieur, dont j'ai cru pouvoir faire du *Valangien*, jusqu'au dessus de la *cascade de la Pleureuse*, en passant, aux chalets *du Lignon*, sur une petite moraine quaternaire, dont on retrouve les traces jusqu'à la Pleureuse.

Fig. 15.

a²co Cone d'alluvions. — a^2 Alluvions de Ht Giffre. — *ef* Flysch. — *en* Calc. nummulitique. — c^8 Sénonien. — c^2 Gault. — *cu* Urgonien. — *cm-iv* Néocomien. — *F* Faille.

A partir de la Pleureuse jusque près des *chalets de Salles*, le Néocomien forme le fond du vallon, en se reliant à celui de la *Pointe de Salles*.

Au-dessus du Néocomien, l'Urgonien, qui supporte les chalets, forme un petit cirque, surmonté du Gault et du Sénonien. Tout ce système, venant de Gers, passe ensuite sous la Pointe de Salles, et de là forme l'escarpement des Fiz, supportant le Nummulitique.

L'Éocène est ici très développé. J'ai pu en faire une belle coupe en montant à la Tête-à-l'âne (point 2725). La Tête-à-l'âne des gens du pays et des guides n'est pas le point indiqué comme tel sur la carte d'État-Major, et qui est coté 2793 ; elle est située à environ 1 kilomètre au Nord.

Coupe de l'Éocène :

1° A la base : calcaire gris semblable au Sénonien, mais surmontant les schistes sénoniens supérieurs, 80 m.

2° Poudingue calcaire.

3° Schistes noirs, petit replat gazonné.

4° Calcaires gris-noirs sans fossiles ; lapiaz, 25-30 m.

5° Calcaire à petites nummulites et algues calcaires ; calcaire feuilleté comme le Sénonien.

6° Schistes à fucoïdes. — Flysch, grande épaisseur, 200 m.

7° Grès moucheté ; grès de Taveyannaz, formant le sommet de l'arête, et alternant avec des assises de grès délité, clivé en parallélipipèdes.

L'Éocène entoure tout le cirque de Salles, montrant surtout les calcaires à nummulites. Le Flysch et le grès de Taveyannaz ne se trouvent que sur l'arête a plus élevée, à l'Est, soit du point 2725 (Tête-à-l'Ane) au point 2760, qui surmonte le col d'Anterne, puis sur quelques points isolés, comme l'Aiguille du Dérochoir (2238), la pointe de Platé, les rochers de Forcle (2479) et la pointe Pelouze (2475). Toutes ces sommités sont constituées par le grès de Taveyannaz.

Les calcaires à nummulites, dont le niveau le plus inférieur est la couche à *Natica angustata*, couvrent tout le « Désert de Platé. » J'y ai distingué comme assises :

1° A la base, schistes gréseux bruns foncés à *Natica angustata, Cerithium plicatum, C. trochleare, Cyrena convexa, Cytherea Vilanovæ*, etc.

2° Poudingue à cailloux calcaires de Sénonien et de Gault.

3° Calcaires à petites nummulites (*N. Ramondi*).

4° Grès quartzeux gringant, localement développé ; on le voit au bord d'une petite mare au-dessus des chalets de Platé.

La couche 1 est la couche à lignite de Pernant et de Montmin. Elle correspond exactement à la couche inférieure de l'Éocène de la Cordaz, au pied des Diablerets (Suisse), si bien étudié par Hébert et Renevier. Le tout correspond assez au *Parisien supérieur et inférieur*.

Favre signale la réapparition de la série crétacée au pied occidental de l'Aiguille de Platé, en couches verticales. J'ai cherché la trace d'un fait si curieux ; je n'ai vu qu'un petit redressement local et sans importance des couches qui constituent la paroi, au-dessus de la vallée de Servoz. Je le reproduis ici.

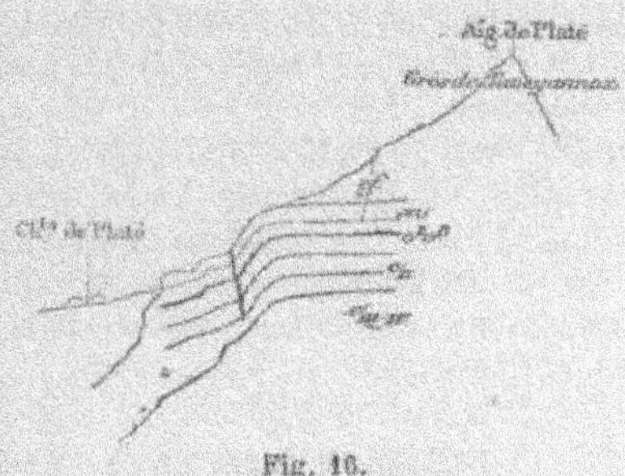

Fig. 16.

Le vallon qui descend au N.-E. de Pointe-Pelouze, à l'ouest du vallon de Salles et parallèlement à ce dernier, s'appelle le vallon de Foges. C'est un excellent type de vallon d'érosion atmosphérique, car il est creusé en entier dans les schistes tendres du Flysch, ayant à gauche (N.-O.), les grès durs de Taveyannaz, à droite, des croupes de calcaire nummulitique.

Une faille transversale coupe le vallon de Salles, d'où la présence de deux couches de Gault que Favre y signale. En remontant le vallon à partir de l'Urgonien des Chalets, on arrive bientôt à un beau bassin-abreuvoir creusé en plein Sénonien. Ce Sénonien bute contre un Urgonien oolitique qui forme le fond du cirque de Salles, supportant un second Gault et un second Sénonien. Ces deux derniers étages remontent assez haut de chaque côté. La faille tombe obliquement, et cette obliquité permettrait, quand on traverse le vallon, d'y trouver deux couches de Gault.

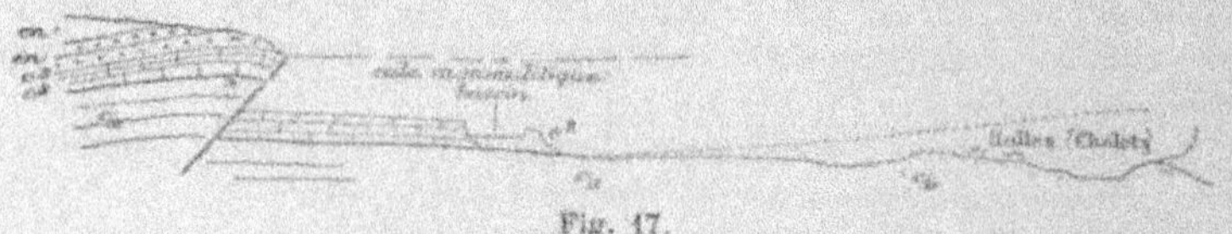

Fig. 17.

Du vallon des Foges, on peut passer au lac de Gers, entouré de grès de Taveyannaz, et non de calcaire nummulitique, comme l'indiquait Favre. Celui-ci ne monte que jusqu'à la scierie qui est à l'issue de la petite plaine du lac. On en redescend par les chalets de Portes et la Giettaz, sur le Sénonien, ayant à sa gauche, depuis la Giettaz, une paroi de calcaire nummulitique, à sa droite un abrupt urgonien. On arrive à *Notre-Dame-des-Grâces*, petite chapelle sur la rive gauche du Giffre, où le calcaire nummulitique s'enfonce sous les alluvions pour *ne plus* reparaître sur le versant correspondant de Criou ; il y est remplacé par des grès foncés à *Ostrea* et à *Polypiers*.

L'examen de la paroi des Fiz depuis le plateau d'Anterne n'offre rien de bien particulier. Le Gault paraît très aminci ; cependant il existe, car on en trouve de nombreux blocs éboulés. La Pointe de Salles est couronnée de *calcaire nummulitique* et non d'Urgonien comme je l'avais cru. Il doit y avoir de petites failles locales sans importance aucune.

La dépression entre la Pointe de Platé et l'Aiguille du Dérochoir, deux sommités de grès de Taveyannaz, est causée par l'éboulement d'une éminence de calcaire nummulitique, dont les débris jonchent en blocs énormes tout le haut du cirque de Salles. Du col du Dérochoir, à l'Est de l'Aiguille, on jouit d'un superbe coup d'œil (géologiquement parlant) sur le champ entier de l'éboulement qui, en 1751, engloutit Servoz.

C. — **Région jurassique.**

Au Sud-Est du territoire décrit jusqu'ici s'étend une région jurassique où l'on ne trouve plus trace certaine de Crétacé. Elle comprend le *plateau d'Anterne, le Buet et le Grenairon*, et les alentours du *Fer-à-cheval de Sixt*.

Avant de la décrire, je dirai quelques mots de la division du Jurassique.

Favre avait distingué dans ce terrain : 1° un *jurassique supérieur*, grand massif de calcaires noirs à veines spathiques ;

2° *Un Oxfordien* (Divésien) schisteux, fossilifère au col de Tanneverge, au Grenairon, au Buet et au col d'Anterne ;

3° *Un Dogger* (*Bathonien*), très développé par places, au-dessus de la Vogealle (Fer-à-cheval) par exemple ;

4° Enfin, du *Lias*, très puissant au Fer-à-Cheval (1,000 m.), très réduit ou même absent sous le col d'Anterne.

C'est d'après ces données, qui me semblaient très précises, que je cherchai à me construire une division du Jurassique dans ces régions, et que j'établis mes premières minutes. Les fossiles oxfordiens et calloviens cités par Favre me semblaient si typiques et si indiscutables que j'accordai pleine confiance aux listes qu'il en donnait. Cependant, Lory ne voulut pas admettre la présence de cet étage dans ma région, et m'enseigna que les schistes ardoisiers à Bélemnites étirées étaient partout du Lias, et les dalles veinées, qui les surmontaient, l'équivalent du Dogger.

Ne trouvant point de gisements de fossiles, à peine quelques mauvais échantillons, les indications de localités de Favre étant d'ailleurs très vagues, observant enfin une grande uniformité dans l'ensemble des couches, je tâchai de concilier mes observations avec les enseignements de Lory, mais je vis bientôt que je me heurtais à de grosses difficultés. En effet, les choses étaient telles qu'il me fallait admettre du Dogger jusqu'au contact du Néocomien, supposer par conséquent une disparition, une annihilation complète de tout le puissant massif calcaire du Malm, que je connaissais dans la vallée de l'Arve ; cela me semblait bien difficile. Enfin, je tâchais de distinguer certains faciès, un Dogger supérieur et un Dogger inférieur schisteux, un Sinémurien calcaire et des ardoises de l'Infralias, etc.

Cependant, dès mon étude du Grenairon, le doute commença à se faire dans mon esprit ; je trouvai un niveau à petites ammonites de type bien franchement oxfordien, près de la crête. Plus bas, sur *Communes*, une assise me fournit des espèces analogues, mais très mauvaises ; cependant, je notai cette couche, car elle était caractéristique, se distinguait de loin et ne ressemblait à aucune autre. On la voyait au col même de Tanneverge, au Grenairon, au Buet, et plus tard je la reconnus au col d'Anterne.

La première fois que je visitai le col d'Anterne, j'étais trop pressé pour pouvoir m'y arrêter ; mais, plus tard, en étudiant Pormenaz et les pentes des Fiz, je ne pus manquer d'y faire une pointe, l'avant-dernier jour de ma grande tournée, et enfin cette fois je fus assez heureux pour découvrir dans la couche en litige du *col de Tanneverge*, du *Grenairon* et du *Buet* une jolie faunule de Céphalopodes caractéristiques de l'*Oxfordien* et du *Callovien*. Ces fossiles ont été étudiés par M. Renevier et son assistant, qui a justement fait de ce niveau le sujet de sa thèse de doctorat.

J'avais donc un niveau fixé, mais mes études sur le terrain avaient été faites avec de tout autres idées. Cependant, comme j'avais toujours été dans le doute au sujet des divisions adoptées, j'avais soigneusement noté chaque couche, pour pouvoir au besoin plus tard leur assigner une nomenclature précise. C'est donc d'après mes notes qu'il m'a été possible ensuite de corriger mes tracés.

Je distingue donc dans le Jurassique les divisions suivantes :

I. *Malm*	1° Grande épaisseur de calcaires noirs à veines spathiques, eux-mêmes plus ou moins spathiques ou quelquefois compactes. Epaisseur : environ 500 mètres = *Portlandien? — Corallien :* j^{7-5}.
II. *Oxfordien*	2° Dalles spathiques minces, à veines siliceuses ou calcaires, à petites ammonites et bivalves rares. Epaisseur : 100 à 150 m. (Buet) = *Oxfordien supérieur :* j^{3}. 3° Schistes feuilletés à ammonites comprimées et déformées. Schistosité transversale ou oblique, et dalles rousses. Epaisseur : de 10 mètres à 30 mètres (col de Tanneverge) = *Divésien* et *Callovien :* j^{2-1}.
III. *Dogger*	4° *Dogger*, calcaire esquilleux spathique, bleu foncé ou noir, à bélemnites (*B. giganteus* au col d'Anterne). Epaisseur peu considérable = *Bathonien* et *Bajocien ?* j_{I-IV}.
IV. *Lias*	5° Calcaires et schistes sans fossiles, ou avec quelques rares gryphées (Favre, *cit.*) = *Sinémurien : l.* 6° Schistes ardoisiers à Cardinies, grande épaisseur au Sambey et au Fer-à-Cheval = *Hettangien* (*Infra-lias*) *: l.*

Ces points une fois établis, je puis passer à la description du territoire.

Le Sambey ; Fond de la Combe ; flancs de Tanneverge.

De Suet, les couches s'élèvent au Nord-Est, sur les flancs du Sambey et du Grenairon. J'ai déjà établi que le Valanginien de *Salvadon* buttait en faille contre les calcaires qui forment la croupe du *Sambey*. J'ai essayé de faire une coupe de cette dernière sommité, mais la difficulté d'accès a beaucoup diminué mes résultats.

Cependant, j'ai pu constater une grande uniformité dans les couches du flanc Sud-Est jusqu'au dessous de la grande paroi. Là, j'ai trouvé des Bélemnites dans des schistes très semblables à l'Oxfordien (et plus tard j'ai recueilli dans un fragment éboulé de ces mêmes schistes un *Perisphinctes* sp.). La grande paroi est composée : 1° à la base, d'alternances minces de schistes ardoisiers et de calcaires noirs compactes ; 2° d'un puissant massif de calcaires noirs très homogènes, qui paraissent en former la croupe, en s'adjoignant des lits de calcaire oolitique plus clair. C'est à peu près identiquement la coupe que j'ai relevée dans le Malm au-dessus de Saint-Martin près Sallanches, sur les flancs des Aiguilles de Varens, en 1888.

C'est dans ces schistes du Lias inférieur que j'ai trouvé, au pont d'Eau-Rouge et un peu en amont, une *Cardinia* qui les classe dans l'Hettangien.

En amont de la grange de la Combe, la base de la grande paroi calcaire flasique comporte un calcaire un peu schisteux, noir, ardoisé, à surface rougeâtre ; au-dessus vient un calcaire noir plus spathique.

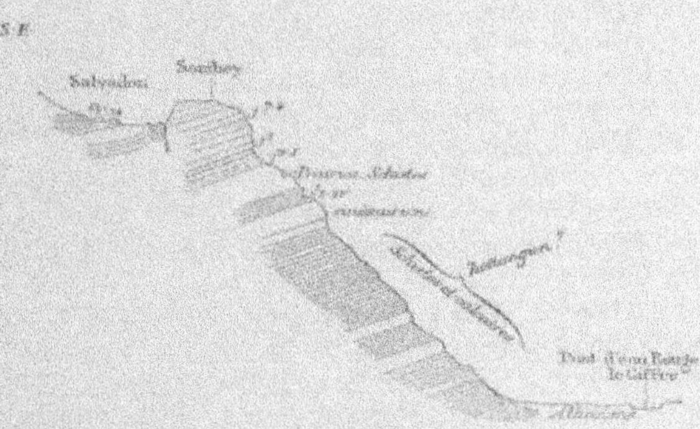

Fig. 18.

Coupe du Sambey au pont d'Eau-Rouge.

C_V Valanginien. — C_{VI} Marnes de Berrias. — j^{7-4} Portlandien-Corallien. — j^3 Argovien. — j^2 Oxfordien. — j_1 Callovien. — j_{I-IV} Dogger.

Tout l'ensemble des terrains jurassiques est affecté dans cette région, jusqu'au Buet et au col d'Anterne, de plissements intenses, les uns de premier ordre, c'est-à-dire entraînant la flexure du crétacé sus-jacent ; les autres, principalement ceux du Lias, se présentent sous forme de « *papillotages* » dans l'intérieur de plis plus grands correspondant à ceux des terrains supérieurs. C'est ainsi que le Lias présente une série de plis secondaires très aigus, mais de peu de puissance et de peu de flèche, encastrés dans les grands plis majestueux du jurassique supérieur, selon le schéma suivant, pris au-dessous du Mont Roan :

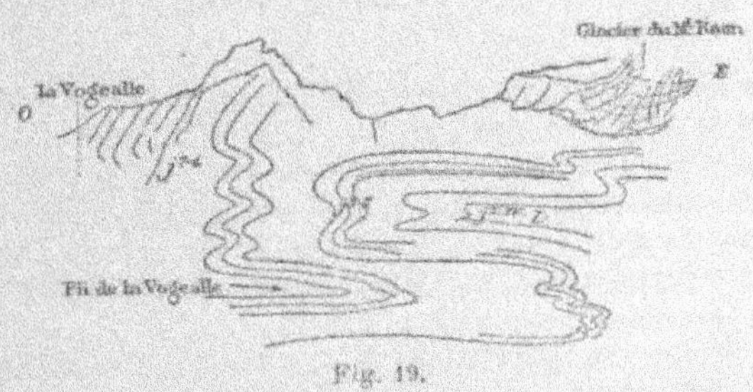

Fig. 19.

j_{7-4} Malm. — j^{3-1} Oxfordien *sensu lato*. — j_{I-IV} Dogger. — l Lias.

C'est dans le noyau d'un de ces grands synclinaux du Malm que se trouvent les chalets de la *Vogealle*, auxquels on accède par le *Pas du Borey*.

En montant depuis le *fond de la Combe*, on trouve :

1° Calcaire spathique noir ;

2° Dalles spathiques lustrées, grande épaisseur ;

3° Dalles plus schisteuses.

Au-dessus des chalets *du Borey* viennent les dalles oxfordiennes gris-jaune du col d'Anterne, puis de grandes parois effritées de dalles spathiques veinées (Argovien), enfin les *calcaires gris spathiques* qui constituent la grande paroi du Sambey, et que je tiens pour du *Malm*.

Favre tient ces calcaires pour du Dogger, et dit avoir trouvé au-dessus de la Vogealle, sur le monticule qu'il nomme Tête de Péruaz (mais que les gens du pays n'ont pas su m'indiquer), des fossiles du Dogger. Oppel, qui a vu ces fossiles, tient les Ammonites pour des « Planulati », ce qui correspond à des *Perisphinctes* ou à des *Oppelia*, et les rapproche plutôt des espèces du Malm. — Dans tous les cas, ces calcaires gris reposent *sur* les ardoises oxfordiennes.

A la Vogealle, Favre a considéré la structure comme incompréhensible et énigmatique : un calcaire gris s'enfonçant en *coin* dans la montagne, surmonté de schistes rubannés.

Il m'a semblé que ce *coin* de calcaires n'était autre que le noyau d'un grand synclinal de Malm, avec les schistes de Berrias par dessus. Nous nous trouvons ici dans le prolongement du grand pli du Mont-Roan que j'ai dessiné fig. 19.

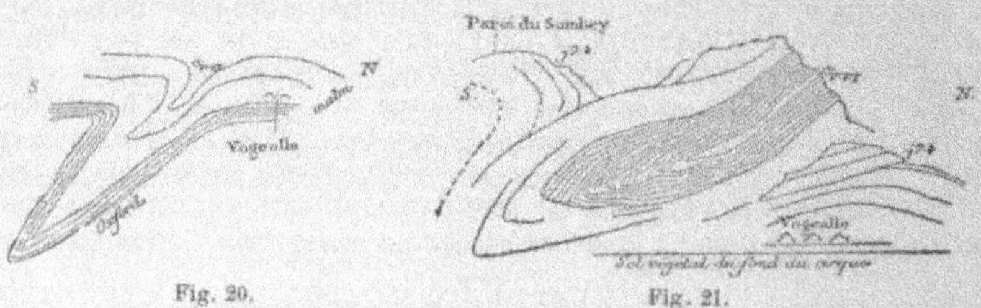

Fig. 20. Fig. 21.

Ce n'est du reste pas en une seule course, et par le mauvais temps, que l'on peut se flatter de déchiffrer une structure aussi disloquée, sinon très compliquée. L'intensité des plissements, la difficulté d'accès et d'orientation, la forte ablation des couches ont été pour moi, dans cette région, la source de sérieuses difficultés, d'autant plus que la couleur uniforme des terrains jurassiques, sauf peut-être du Malm, rend leur étude à la lorgnette presque impossible, et en tout cas beaucoup plus difficile que celle du Crétacé.

Je crois cependant pouvoir affirmer positivement que le Malm, après avoir subi encore un plissement intense sous le *Mont-Roan*, court au Sud former la grande paroi *de Tanneverge*, au-dessus du col. Au col, en effet, j'ai très bien distingué, depuis le Grenairon, les schistes jaunes oxfordiens que je ne connaissais pas encore alors, et que je prenais pour du Dogger inférieur, selon les données de Lory.

Dans cette grande paroi de Tanneverge, entièrement formée de calcaires durs, vient un petit replat dû aux argiles et aux dalles spathiques oxfordiennes, puis un immense abrupt *Dogger et Lias*, qui ferme tout le cirque du *Fer à Cheval*. Quelques-uns des plissements du lias sont merveilleux d'élégance et d'intensité.

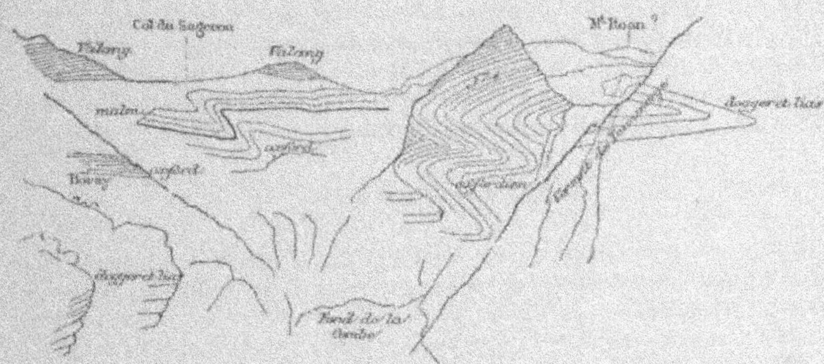

Fig. 22.
Vue du Fond de la Combe depuis Giffrenan.

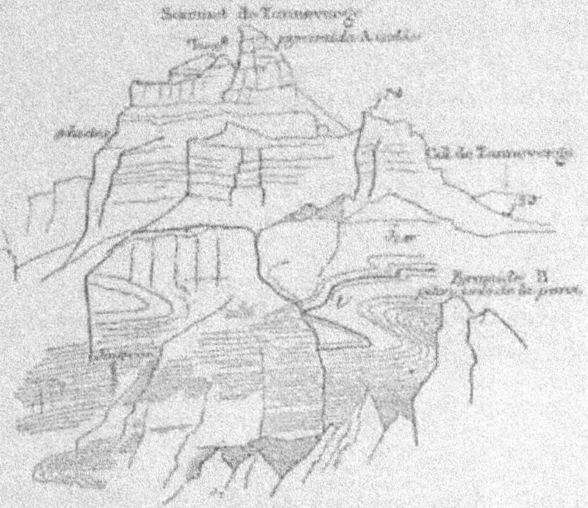

Fig. 23.
Vue de la Paroi Ouest de Tanneverge, depuis le Pont d'Eau rouge, 12 août 1890.
Cv-vi Valangien. — j^{4} Malm. — $j^{2.3}$ Oxfordien. — $j^{I\text{-}IV}$ Dogger. — *l* Lias.

La pyramide A, qui avoisine le sommet, ne monte en réalité pas plus haut que la grande paroi de Malm ; étant plus rapprochée du spectateur, c'est la perspective qui la fait paraître plus élevée. — Le sommet de Tanneverge est composé de schistes noirs, à en juger de loin. Est-ce un lambeau de Crétacé ? ou d'Oxfordien qui revient là-dessus par un plissement intense et d'une énergie rare ? Je suis dans le doute à cet égard ; Favre dit qu'on a trouvé et qu'on lui a rapporté de ce sommet un *Perisphinctes plicatilis*, mais il cite cette espèce aussi de Salvadon, qui est du Valanginien. De plus, on sait qu'il y a quarante ans, le nom de *plicatilis* était étendu à un groupe considérable d'espèces.

Le Trias affleure au fond du *Fer à Cheval* (cargneules jaunes et arkoses) une fois dans le ruisseau qui descend du col de Tanneverge, une autrefois dans celui qui court en amont des Granges des Pellys (1,006m), descendant de Tête Noire. Nulle part je n'ai pu voir les couches les plus inférieures du Lias.

Le Grenairon et le Buet

La structure du Grenairon est celle que j'ai le moins comprise ; aussi ce massif nécessitera-t-il encore au moins *une visite*. Son intelligence parfaite est en effet indispensable pour avoir la *clé* de la tectonique du jurassique, placé comme l'est ce massif entre la chaîne crétacée de l'Avoudruz et le Buet.

Parti *des Faix* au-dessus du Haut-Giffre, je suis monté par les prés jusqu'à la source du torrent de Nancey, que j'ai traversé. Là, j'ai vu de minces alternances de calcaires et de schistes plongeant fortement O. N. O.; puis, enchevêtrées là-dedans, des marnes friables et des calcaires paraissent adossés à un grand massif de calcaire compacte à allure embrouillée.

Ceci est un point de détail qui peut n'avoir pas grande influence sur l'ensemble de la structure. Ce que j'ai vu de certain, c'est que du côté du S. E., la croupe est constituée par un calcaire gris compacte ou spathique fort analogue

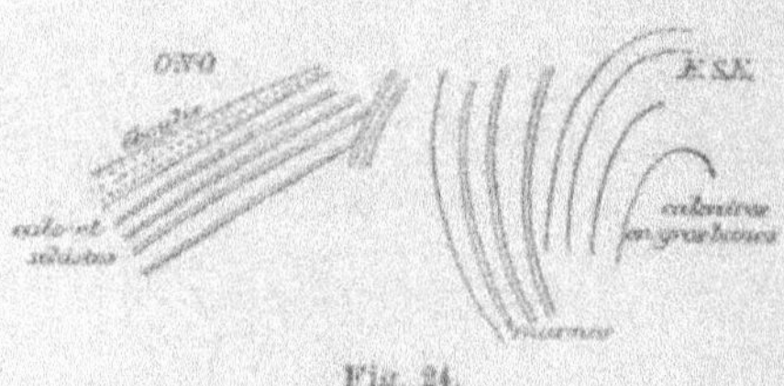

Fig. 24.

à celui de la Vogealle, et reposant sur des dalles spathiques à veines de calcite ou de silice dont je fais maintenant de l'Oxfordien. Ces couches plongent toutes contre le Buet. Sur Sorey, on les voit monter en une courbe de grande envergure, pour former la crête, de chaque côté d'un petit cirque ; et cette allure se poursuit jusque sous la *Tête du Grenairon*.

Le plateau entre le Grenairon et le Buet porte des lapiaz creusés dans un calcaire à bélemnites, en couches presque horizontales ; calcaire grenu-rugueux comme celui qui forme le sommet du Buet. Ces couches sont surmontées par celles de la crête, calcaire plus massif, plus compacte. En face de nous est le Cheval Blanc formé de schistes surmontant des calcaires : Schistes oxfordiens probablement, surplombant un Malm renversé sur lui-même. En effet, notre descente sur les pentes du Fer à cheval, par la Tête Noire, me fait voir d'abord le calcaire gris à Bélemnites, puis les dalles spathiques de l'Oxfordien supérieur ; de nouveau un grand massif calcaire compacte qui forme la 2e grande paroi, enfin de nouveau l'Oxfordien supérieur reposant sur les ardoises jaunes feuilletées qui constitue l'Oxfordien proprement dit. J'essaie de représenter, dans le profil suivant, l'idée que je me suis alors faite de cette structure, en tenant compte des faits observés.

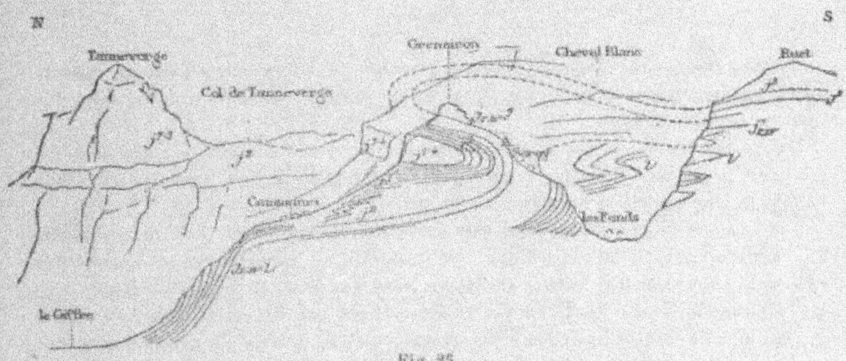

Fig. 25.

Je suis sûr de ceci : 1° de la présence du lias aux Fonds ; 2° de l'Oxfordien du sommet du Buet ; 3° du pli du Lias sous le Cheval Blanc, représenté en perspective au-dessus des Fonds ; 4° de l'Oxfordien de Communes et des flancs S. E. du Grenairon, sous la croupe ; 5° du pli des couches en ɔ en Sorey (A). Il y a d'autres détails qui m'embarrassent cependant, comme la disposition des couches au-dessus des Mouillettes (v. ci-dessous) ; et la continuité apparente des

Fig. 26.

couches, sans plissement, sur le plateau du Cheval Blanc, du Grenairon au Buet. Quant à l'Oxfordien du Buet, il ne me paraît pas être affecté par d'autres dislocations que par une large voûte surbaissée, tandis que le Dogger et le Lias subissent de nombreuses flexures très aiguës.

Tous ces faits s'éclairciront plus facilement, maintenant que je suis mieux fixé sur l'âge des couches, et surtout quand j'aurai déterminé la place exacte de celles du sommet du Grenairon.

En descendant des chalets de Communes dans la vallée, on observe le fort redressement du dogger et du lias.

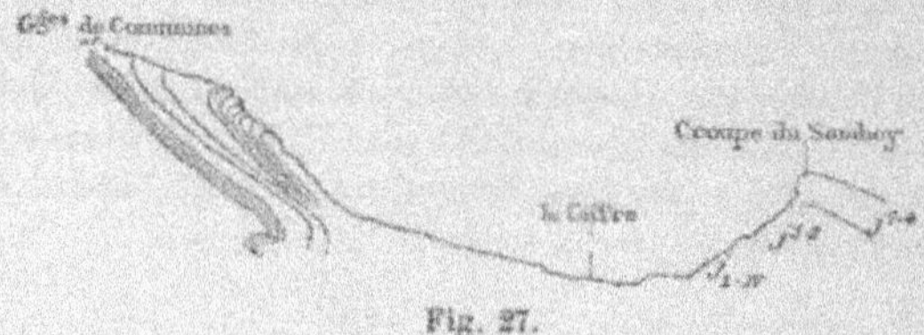

Fig. 27.

Le Buet touche au Grenairon par le plateau de Tanneverge du Buet, que la carte ne mentionne pas. D'autre part, il est relié au plateau *d'Anterne* par l'arête du col de *Leschaud*.

Du cirque des Fonds au col de Leschaud, on marche d'abord sur des ardoises effritées, pourries, que paraît surmonter, tout près du col, un massif calcaire plus résistant ; calcaire bleu compacte, fin.

Dès le sommet des *Beaux-prés*, peu avant de s'engager sur la neige, on touche les schistes jaunâtres oxfordiens avec bélemnites tronçonnées et ammonites (*Perisphinctes*) bien mauvaises. Enfin, au bord même du « *Glacier des Beaux* » et de là au sommet du Buet, on est constamment sur les dalles noires à veines jaunes de l'*Oxfordien supérieur*, que surmonte une croûte de calcaire plus dur où j'ai trouvé deux *Astarte sp.* en 1888 (*Posidonomyes* de Lory).

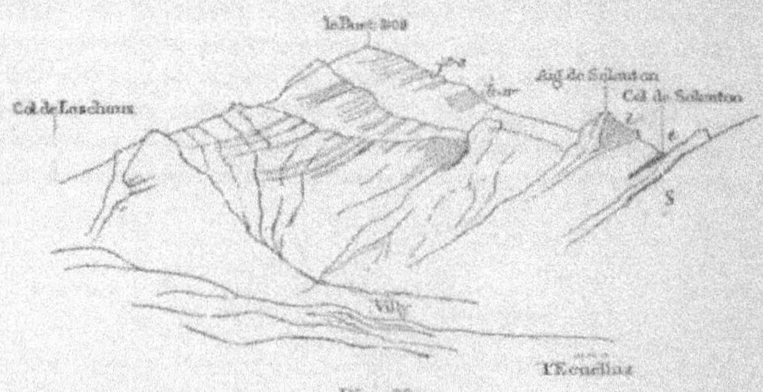

Fig. 28.

Vue du versant Sud-Est du Buet, prise du chemin du col d'Anterne aux châlets de Villy.
j^{3-2} Oxfordien. — *j₁₋ᵢᵥ* Dogger. — *l* Lias. — *t* Trias. — *s* Schistes cristallins.

Toutes ces couches ont un plongement général assez faible au nord, et se relèvent un peu à l'*Aiguille de Salenton*, en laissant affleurer le Trias. Les éboulis des dalles noires, entre autres, recouvrent totalement ce versant sud-est de Buet jusqu'à la petite dépression qui en sépare l'Aiguille de Salenton. Du côté des Fonds, au contraire, on voit très bien les couches du Lias et du Dogger monter en escaliers très aigus, comme je l'ai représenté dans ma notice (Bulletin n° 6).

Au col de Salenton, on peut faire une bonne coupe du Trias, qui peut servir de type pour ce terrain dans la contrée.

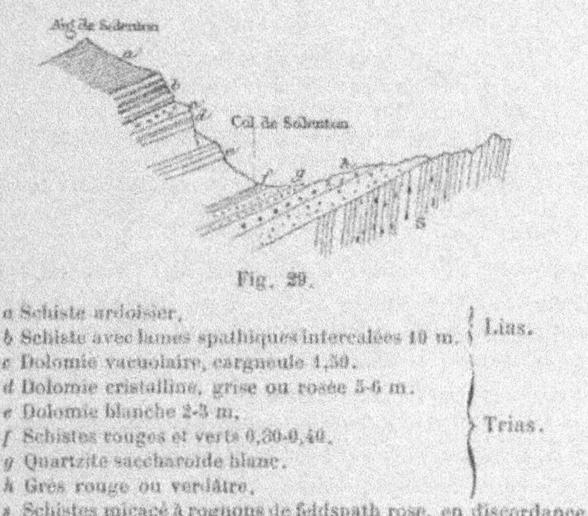

Fig. 29.

a Schiste ardoisier,	Lias.
b Schiste avec lames spathiques intercalées 10 m.	
c Dolomie vacuolaire, cargneule 1,50.	Trias.
d Dolomie cristalline, grise ou rosée 5-6 m.	
e Dolomie blanche 2-3 m,	
f Schistes rouges et verts 0,30-0,40.	
g Quartzite saccharoïde blanc.	
h Grès rouge ou verdâtre,	
s Schistes micacé à rognons de feldspath rose, en discordance.	

Cette bande triasique, facilement reconnaissable de loin à la couleur jaune de la cargneule, se poursuit sur tout ce fland Sud-Est et passe exactement dans la petite dépression qui sépare le Buet proprement dit du *Mont-Oreb*, lequel est formé de roches pseudo-cristallines *x*.

Plateau d'Anterne. Versant sud d'Anterne et des Fiz.

Le *malm*, si magnifiquement contourné aux *Faucilles du Chantet* (voir croquis ci-dessous), arrive, grâce à cette flexure, sur le *Plateau d'Anterne*, où il forme des dos calcaires au pied de l'escarpement crétacé et tertiaire *des Fiz*. Il est très aminci, car de 400 mètres de puissance qu'il atteint dans la vallée de l'Arve et même au Fer à Cheval, il est réduit à 20 mètres et même à 10 mètres au col d'Anterne, sur l'arête. Cet amincissement n'a pas été sans provoquer un étirement, un laminage considérable, qui se traduit par une structure particulière de la roche. Le calcaire est parfaitement *lamellaire* et crypto-cristallin, en minces feuillets de 1 à 2 millimètres d'épaisseur et sa couleur foncée bleu noir a fait *place* à une teinte gris-clair.

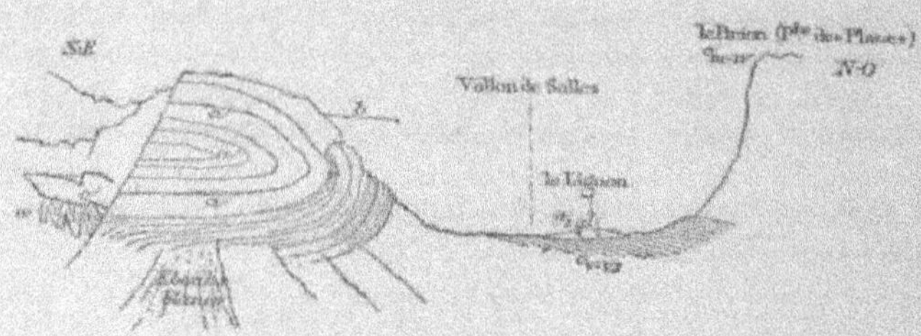

Fig. 30.

Faucilles du Chantet.

a_2 *gl* Moraine provenant du cirque de Salles.
$\overline{cv-vi}$ Valanginien et Berriasien.
j^{3-4} { *b*, Calc. feuilleté et schistes noirs. / *a*. Calc. compacte gris noir.
En C, un coin de calcaire sous lequel les ardoises du Lias (?) sont froissées.

Sous ce calcaire j^{3-4} viennent des dalles noires j^{3} à veines spathiques ou siliceuses identiques à celles du Fer à Cheval, du Grenairon, du Buet. Elles sont aussi fortement contournées, comme on peut le remarquer en montant au col par les chalets de *Grasse-Chèvre*. Celles-ci reposent sur des schistes feuilletés à lentilles calcaires, avec schistes jaunâtres j^{2}.

Ces dalles j^{3} et les schistes à lentilles calcaires occupent tout l'Est du plateau d'Anterne, les dalles noires formant les crêtes qui limitent ce plateau à l'Est, dominant les escarpements des Fonds.

Dans le temps où je croyais que les calcaires j^{3-4} étaient du *Dogger*, j'avais fait de ces deux derniers niveaux l'étage inférieur de ce groupe.

Les schistes jaunâtres j^{2} m'ont donné sur l'arête du col les fossiles suivants, que je n'y ai trouvés qu'au commencement de septembre :

Rhacophyllites tortisulcatus ;	1	exemplaire.
Peltoceras arduennense ;	4	—
Reineckia anceps ;	1	—
Stephanoceras coronatum ;	1	—
Harpoceras punctatum ;	1	—
Cosmoceras Duncani ;	1	—
Perisphinctes Doublieri ;	1	—
Belemnites hastatus ;	10	—
Belemnites calloviensis ;	2	—
Belemnites indéterminables.		

M. Renevier, après avoir étudié ces fossiles, m'écrivit qu'il faisait de cet étage absolument l'équivalent du Divésien, et que cet intéressant gisement correspondait à la localité typique pour l'Oxfordien des Alpes valaisannes et vaudoises :

Frête de Sailles, au pied du Grand-Muveran. C'était aussi l'impression que j'avais ressentie en faisant ma récolte.

Au-dessous de ce niveau, viennent d'autres dalles gréseuses, rousses, qui m'ont fourni une mauvaise ammonite. On tombe ensuite dans des schistes à lentilles calcaires, probablement ceux qui s'intercalent dans le j^2 à Grassechèvre ; enfin on trouve de minces alternances de schistes et de calcaires à la partie supérieure desquels j'ai recueilli un fragment de Bélemnite qui se rapproche singulièrement de *Bel. giganteus* du Bajocien. Le Lias, qui est dessous, se compose de schistes ardoisiers bleus noirs, où j'ai trouvé quelques rares Ammonites indéterminables.

Enfin l'on arrive au trias de Moëde et de Servoz.

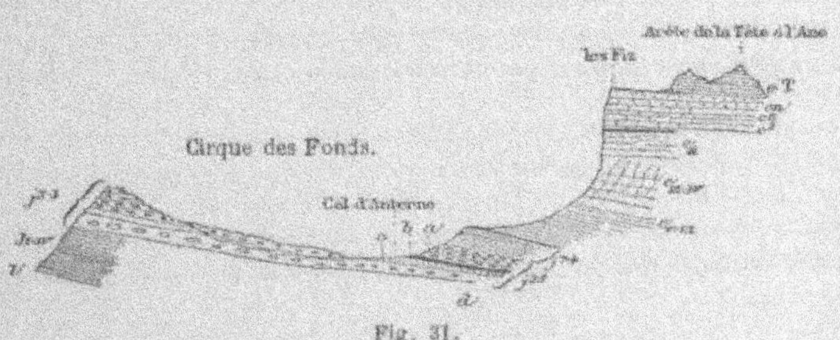

Fig. 31.

Coupe des terrains au col d'Anterne, des Fiz (à l'Ouest) au cirque des Fonds (à l'Est). *e*T Grès de Taveyannaz et Flysch — *en* Calc. nummulit. — c^s Sénonien. — c^1 Gault. — *cu* Urgonien. — *cm-iv*. Neocomien. — *cv-vi*. Valangien (et Berrias ?) — j^{2-1} Malm. jurass. supér. — j^{3-4} Oxfordien, soit : *a* dalles spathiques noires ; *b* schistes jaunes fossilifères ; *c*. dalle gréseuse roussâtre ; *d* schistes à lentilles calcaires. — *ji-iv* Dogger. — *l* Lias.

Le Dogger me paraît ici, comme tous les terrains d'ailleurs sur ce point, être excessivement réduit ; à peine puis-je lui attribuer une dizaine de mètres.

Le versant méridional qui fait face à la montagne de Pormenaz, et qui domine Servoz, montre la même coupe, mais beaucoup moins nette. On peut suivre les têtes calcaires du Malm, supportées par les schistes oxfordiens et liasiques, jusqu'au dessus des châlets d'Ayer, portant toujours la série complète, et l'Éocène moins les grès de Taveyannaz, du moins sur les Fiz.

Il est difficile, de prime abord, de pouvoir établir sur cette étendue une limite bien tranchée entre le Lias et l'Oxfordien. Sans doute on trouve, dans les parties inférieures, un Lias qui a des caractères très particuliers ; mais en général, vu le peu de puissance du Dogger et sa ressemblance très grande avec le Lias, on est porté, de loin, à assigner une démarcation plutôt arbitraire, d'autant plus que les schistes jaunes de l'Oxfordien sont eux-mêmes très réduits.

Quoiqu'il en soit, le Lias atteint ici à un développement énorme, à l'encontre de ce que Favre croyait, lorsqu'il disait que ce terrain lui paraissait à peine représenté dans ces régions.

Partout où les accumulations de débris provenant du grand éboulement des Fiz m'ont permis de voir la roche en place, j'ai rencontré les schistes liasiques.

Ceux-ci, tout en affectant une grande uniformité dans leur texture, permettent cependant de reconnaître quelques niveaux ; ainsi, aux chalets d'Ayer, j'ai vu des schistes lustrés noirs, ondulés, et dont les joints ou les surfaces de clivages étaient tapissés d'un dépôt ocreux : ils ressemblaient à s'y méprendre à certains schistes carbonifères de Moëde que je venais d'étudier.

Vers la partie moyenne, le lias paraît devenir jaunâtre, lustré, comme argenté, et il se charge de paillettes de mica ; j'avais déjà reconnu cet aspect au-dessus de Saint-Martin, près Sallanches, en 1888.

Enfin, vers le bas, ce terrain reçoit en outre des lamelles de calcite grenue d'un demi-centimètre à un centimètre d'épaisseur.

Le lias affleure dans les escarpements que l'on traverse au-dessus de Servoz. L'épaisseur énorme qu'il me paraît avoir, donne l'idée de plusieurs replis successifs.

L'éboulement des Fiz du 12 août 1751 combla le petit lac de Chède et recouvrit de blocs et de terre un immense espace. On voit encore des accumulations considérables. Les chàlets d'Ayer d'en haut et d'Ayer d'en bas sont situés sur ces débris ; entre ces deux terrasses est un escarpement liasique. C'est surtout depuis le col du Dérochoir qu'on peut embrasser le mieux l'importance de ce cataclysme.

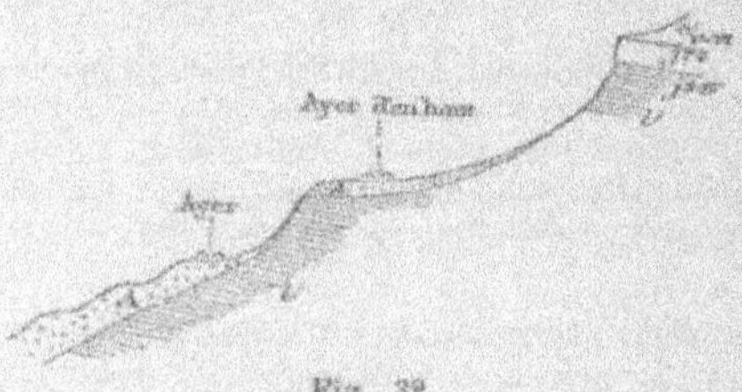

Fig. 32.

Le Lias doit affleurer encore au-dessus de Chedde, et je le connais à Passy.

Versant ouest du massif, rive droite de la vallée de l'Arve.

Je n'ai à parler ici que du magnifique contournement de la cascade d'Arpenaz, que nous avons pu voir ensemble, et que j'ai étudié depuis.

Le jurassique supérieur décrit une série de quatre plissements superposés, qui enserrent dans leurs noyaux soit le Valangien, soit l'Oxfordien. C'est alors seulement que j'ai pu comprendre la coupe que j'avais prise en 1888 de Saint-Martin aux châlets de Véran, au pied de la Croix de Fer, et où j'avais remarqué des répétitions de terrains. Comme l'accès de cette partie n'est pas partout possible, je m'étais trouvé au milieu d'un dédale de parois de Malm que j'avais notées, sans pouvoir les relier entre elles ; et en outre j'avais cru que le grand contournement se faisait dans le Dogger : il se fait dans le Malm, comme le montre le profil ci-dessous :

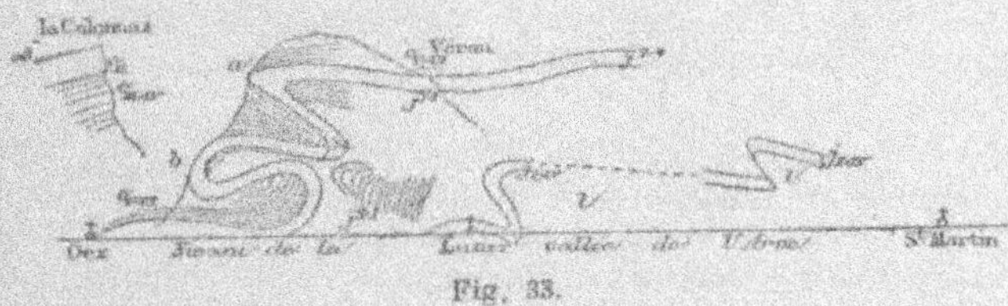

Fig. 33.

Quant au Dogger, pincé dans l'allure générale des couches supérieures, il fait d'abord un pli plus aigu à Luzier et, plus au Sud un pli faille qui correspond à la 3e et 4e flexure du Malm.

En 1888, étant monté à la Colonnaz, j'avais vu en face de moi le Valangien des chalets de Véran, que j'avais visité, supporté par la paroi *a* que j'avais de même examinée et que j'avais reconnue être du *Malm* ; seulement je n'avais pu, de mon observatoire, relier cette paroi *a* à la paroi *b* située plus bas, et qui me montrait le dos du second pli. Maintenant je pense être tout à fait au clair.

L'allure du Dogger n'a rien d'étonnant. C'est celle de toute couche, résistante ou non, qui se trouve pincée dans le pli intense d'une autre couche plus résistante qui l'enveloppe. Le mouvement ne trouvant pas de champ suffisant pour se développer en une courbe continue, se traduit alors par un étirement et un refoulement, quelquefois aussi par une série de plissotements, comme nous l'avons vu pour le Fer-à-Cheval.

Sur la carte les allures du Malm reçoivent une interprétation qui peut paraître singulière; il semble en particulier que le quatrième pli (*a*) est exagéré ; cette apparence provient de ce que la paroi qui le montre, au Nord des chalets de Véran, est érodée tangentiellement, ce qui met à jour les couches dans l'alignement même de leur direction.

J'ai essayé de refaire la coupe du Lias au dessus de Saint-Martin, et, comme je l'avais prévu, il m'a été impossible de tracer le plan précis de délimitation entre ce terrain et le Dogger ; j'ai admis arbitrairement la limite là où les schistes liasiques faisaient progressivement place à des bancs calcaires, d'ailleurs sans fossiles reconnaissables.

D. — Région entre le Borne et le Fier (points isolés). Montagne des Frêtes et vallon de Dran ou des Glières.

J'ai revu cette année tout le dos de la montagne des Frêtes, à l'Est de Thorens, de même que l'extrémité du vallon des Glières, qui s'y adosse à l'Est. J'avais dû négliger ce dernier point en 1888, et j'avais de même passé trop rapidement sur la première région.

La *Montagne des Frêtes* est une vaste et large croupe urgonienne, crevassée de lapiaz. Dans une dépression qui la traverse au col des Glières, rejoignant le vallon des Glières à celui de Champlaitier au Nord-Ouest, affleure l'*Aptien*, représenté par un grès blanc saccharoïde, faciès tout particulier qui m'avait laissé perplexe l'année dernière quand je le trouvai pour la première fois à Champlaitier.

Cet Aptien repose sur un Rhodanien très particulier aussi : c'est un vrai conglomérat, ou plutôt un calcaire dont les mille fissures sont remplies par une marne verdâtre ; il repose sur un calcaire roussâtre à filets siliceux, qui est le faciès ordinaire de l'étage. On suit l'Aptien siliceux depuis le col des Glières jusqu'au sentier qui traverse la montagne ; il recommence après une petite interruption et se relie à l'affleurement que je connaissais à Champlaitier, sur la rive gauche du « Nant des Brassets. »

J'ai parcouru cette croupe sans retrouver d'affleurement de terrains supérieurs à l'Urgonien.

Le vallon de *Dran* ou des *Glières*, juxtaposé à cet anticlinal, présente de grandes complications que j'ai essayé d'expliquer dans mes précédents rapports (voir Rapport pour 1888 et Bulletin n° 6). Cette fois-ci, j'ai reconnu mieux les détails de ses deux extrémités.

Quand on monte aux Glières, depuis Thorens, on traverse tout le Néocomien, et on arrive enfin, au milieu du vallon, sur un petit mamelon urgonien, séparé des Frêtes par une échancrure néocomienne, et se reliant plutôt à l'anticlinal de Tête-Noire. Ce mamelon porte sur son versant Sud-Est la série Gault-Sénonien-Éocène en synclinal légèrement déversé : c'est le commencement du vallon des Glières.

Nous n'avons ici qu'une étroite bande d'Éocène (calc. nummulitique et Flysch) pincée dans un Sénonien assez développé et affecté de deux ou trois petites failles sans importance, que la carte ne peut pas même reproduire. La bande sénonienne du Sud-Est est la seule continuation, bien atrophiée, du grand anticlinal de Tête-Ronde, qui commence au Sud-Ouest de la vallée du lac d'Annecy.

Sur le flanc N.-O. du vallon, la structure est très uniforme. On suit toujours le Gault, le Sénonien et, par ci, par là, le calcaire nummulitique ; on observe l'amorce de la grande tache de Gault et d'Aptien qui traverse la croupe, et l'on constate que tout le coteau de la *Commanderie* est du Sénonien. Aux *Fontaines*, le Gault alimente une petite source.

Le synclinal éocène l'entoure en formant une bande continue du flanc des Frêtes au coteau de la Mandrolière.

L'extrémité Nord-Ouest de ce vallon des Glières tourne les Frêtes au Nord et vient dominer sur une assez grande longueur la cluse profonde du Borne. Ici, nous avons un dédale de petites dépressions et de mamelons : celles-ci de Gault, ceux-ci de Sénonien, des parois urgoniennes, formant un ensemble que la feuille d'État-Major ne peut rendre dans tous ses détails. J'ai essayé d'en traduire les lignes principales avec le plus d'exactitude possible.

Vu la pénurie des noms indiqués sur la carte, je préfère renvoyer à celle-ci pour rendre compte de cette disposition. Je me contenterai de faire observer qu'ici, comme dans toute cette région des Alpes, c'est le Gault supérieur seul qui est fossilifère, contenant cependant aussi quelques espèces du Gault inférieur. J'y ai trouvé :

1. *Nautilus* sp. un mauvais fragment que j'ai laissé.	
2. *Schloenbachia inflata* Sow.	Vraconnien ou Gault supérieur.
3. *Id.* *varicosa* Sow.	
4. *Desmoceras latidorsatum* Mich.	
5. *Id.* *Mayori* Orb.	
6. *Acanthoceras Mantelli*, Park.	
7. *Hoplites splendens ?* Sow.	
8. *Holaster lævis* Deluc.	Vient de l'Albien.
Acanthoceras mamillare Schl.	Albien ou Gault inférieur.
Desmoceras Beudanti Brogn.	

J'ai observé entre autres à l'affleurement de Gault de *Cuplin (?)* au-dessus de *Lignières*, une singulière intercalation de Gault dans la base du *Sénonien*. J'ai pensé tout d'abord que cela démontrerait la présence d'un Cénomanien à la base de notre c^s ; puis, après mûr examen, j'ai cru reconnaître une répétition de couches due à un glissement oblique dont le plan se rapprocherait beaucoup de la parallèle au plan de stratification.

Vue de face, cette disposition présente l'aspect suivant :

Fig. 34.

c^s Sénonien. — c^t Gault supérieur fossilifère. — F Surface de glissement.

Il y a encore sur les flancs de la cluse du Borne, deux ou trois points qui ne me sont pas clairs et que je reverrai l'année prochaine.

Croupe de Tête-Noire et gorge d'Ablon.

J'avais jugé la croupe de Tête-Noire entièrement urgonienne, me réservant, du reste, de l'aller voir par moi-même. Mais ce nom de *Tête Noire*, et la présence d'une petite source qu'on me disait exister à peu de distance du sommet me faisaient croire à du Gault ou à une boutonnière néocomienne. J'y montai donc depuis Notre-Dame-des-Neiges et je trouvai, selon ma première idée, un *dos entièrement recouvert par l'Urgonien seul*, flanqué à son pied Sud-Est de Rhodanien, Aptien, Gault et Sénonien. Tête-Noire doit sans doute son nom au gazon brûlé qui en recouvre le sommet.

De là, je descendis sur la gorge d'Ablon, pour y mettre la dernière main. Le haut du vallon, au Sud-Ouest, est aisé à étudier. Le synclinal est pressé contre le dos urgonien du mont Téret; cette disposition annihile le Sénonien, et c'est le Flysch qui butte contre la paroi calcaire, dont les couches sont très amincies.

Le vallon lui même est profondément encaissé et faillé entre les anticlinaux de Tête-Noire et de Téret. C'était bien la disposition que j'avais reconnue en 1888; les détails se modifient dans l'axe du synclinal.

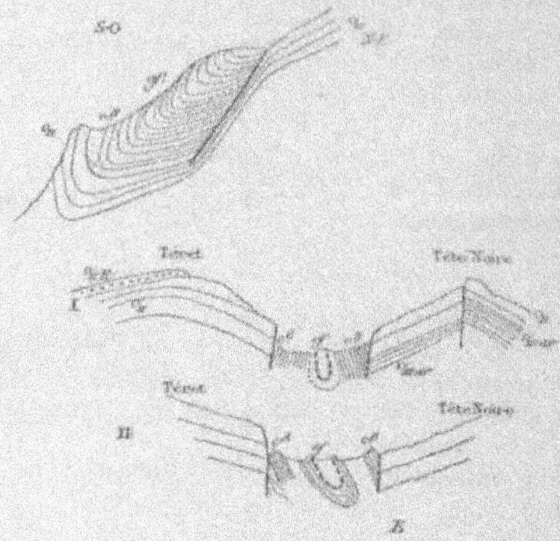

Fig. 32.
Extrémité Sud Ouest du Vallon d'Ablon au delà du point 1610.
I, près des chalets ; II, plus au Sud-Ouest, du Vallon d'Ablon. — *ef.* Flysch. — *c* Sénonien. — *cu* Urgonien. — *cuR* Rhodanien. — *cn-iv* Néocomien.

Le Flysch montre à la partie supérieure un banc de grès à petites nummulites, que je ne connais que de ce seul endroit.

Mont Téret. Granges de Perthuis. — Pour rentrer à Annecy, je traversai le mont Téret que je trouvai, sur son flanc Ouest, entièrement recouvert de Rhodanien très développé, avec les oursins caractéristiques : *Heteraster oblongus, Pygaulus Desmoulinsi*, etc.

Peu avant les chalets de Perthuis, ce terrain est recouvert du même grès blanc saccharoïde que nous connaissons des Frêtes, et qui se montre ici nettement surmonté par les schistes glauconieux noirs du Gault inférieur. C'est même seulement ici que j'ai pu déterminer la place exacte de cette assise, que j'avais prise l'an dernier pour du Gault sous un aspect particulier.

J'ai rectifié définitivement les contours du Gault de Perthuis.

Vallon de la Blonnière. — J'ai à signaler ici la distinction que je puis enfin établir du *Valanginien*, d'après ce que j'ai maintenant vu de cet étage aux environs de Samoëns.

E. — Massif de la Tournette.

La feuille « *Annecy* » ne porte qu'une petite partie N.-E. du massif de la Tournette, et cette sommité même se trouve sur la feuille « Albertville. » Mais ce groupe de chaînons envoie sur mon domaine plusieurs ramifications, et j'ai dû m'occuper de comprendre au moins la structure de cette montagne.

On compte trois anticlinaux séparés par deux synclinaux.

Partant du lac d'Annecy, le premier pli que l'on traverse est celui de *Vésonne*[1] à *Bluffy*, voûte jurassique plus ou moins déjetée supportant le Valanginien et le Néocomien du *plateau de la Pirraz* et *Rovagny*. La *Pointe-la-Rochette*, au pied de laquelle on passe en allant de *Saint-Germain* à *Montmin* par la *Forclaz*, est un synclinal urgonien qui domine à l'Est l'anticlinal néocomien rompu où se trouve le village de Montmin.

Dans le Jurassique du col de la *Forclaz*, j'ai recueilli un *Perisphinctes cf. transitorius*; je crois donc être ici dans une zone supérieure à celle des carrières de Talloires, laquelle correspond au Séquanien, soit à celle des carrières de la *Croix Rouge* près *Chambéry*.

L'Urgonien de *Pointe-la-Rochette* a un faciès oolitique gris-jaunâtre si particulier que j'ai hésité quelque temps à le reconnaître pour tel. Il ne m'a fourni que des piquants d'oursins indéterminables, mais il est bien nettement superposé à la zone à *Toxaster complanatus* du *Néocomien supérieur*, et, du reste, dans la prolongation de cette crête au nord, la roche reprend son aspect ordinaire.

De Montmin, on peut monter, comme je l'ai fait, par les chalets de *Lars*, ce qui nous vaut de traverser un second synclinal. Ici, j'ai été pris par la nuit et mes observations s'en sont ressenties. Je puis dire cependant que j'ai constaté la présence du *Sénonien* et du *Nummulitique*. Cette partie sera à revoir pour mon édification personnelle, car elle ne figure pas sur mon champ de travail, et je tiens cependant à me faire une idée exacte de ce massif.

Quoi qu'il en soit, les rochers des Frêtes, sur le versant Est, sont une paroi urgonienne reposant sur le Néocomien. On les tourne pour arriver, par une échancrure qui m'a paru creusée dans le Néocomien, sur le plateau urgonien culminant, dominé seulement par le *Fauteuil* de la Tournette ou Signal, 2370 m.

Le plateau est urgonien, le Fauteuil qui le domine est aussi un gigantesque bloc de calcaire du même étage. Cependant, sur le plateau même, j'ai trouvé des taches d'un grès roussâtre ferrugineux qui a fourni au musée d'Annecy des *Phylloceras Velledæ*; c'est donc du Gault dont je ne m'expliquerais la présence insolite sur l'Urgonien et au pied d'une paroi urgonienne qu'en admettant par force une faille *très improbable*. Mais le fait est indéniable.

[1] Feuille d'*Albertville*.

La descente de la Tournette par la paroi occidentale, sur les chalets de Loo, est des plus instructives. On descend d'abord en casse-cou la paroi urgonienne, puis l'on arrive à une échancrure néocomienne qui sépare les rochers du Vado ou Varo (point 2140) de cette paroi. Cette échancrure néocomienne, avec Toxaster, se nomme *l'Apairon* et se prolonge jusque sous le signal. Les couches

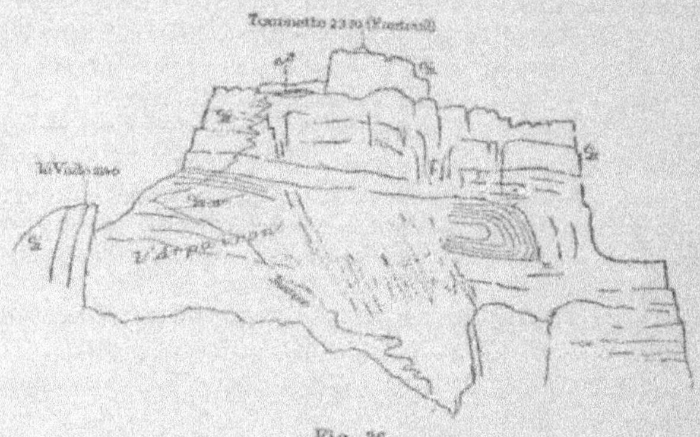

Fig. 36.
Vue de la paroi Ouest de la Tournette.

y sont simplement et légèrement ployées. On retraverse ensuite une longue bande urgonienne, prolongement des rochers du Vado, et où l'assise est presque parfaitement verticale (voir profil général fig. 36) ; on atteint alors le synclinal Sénonien du *Cassey* qui porte la sommité arrondie et gazonnée « *Sur les Maisons* » (au-dessous, à l'ouest du point 2270, sommet des Frêtes)[1]. Dans ce synclinal, le Sénonien atteint, par de nombreux et intenses plissements, une épaisseur énorme ; cet étage est supporté par le Gault (bien visible sous la sommité de « Sur les Maisons », invisible au Cassey même), le Rhodanien (calcaires à feuillets siliceux), et l'Urgonien, que l'on descend dans une nouvelle cheminée pour arriver, aux *chalets de Loo*, sur le Néocomien.

Le profil général suivant fera mieux ressortir toute cette structure.

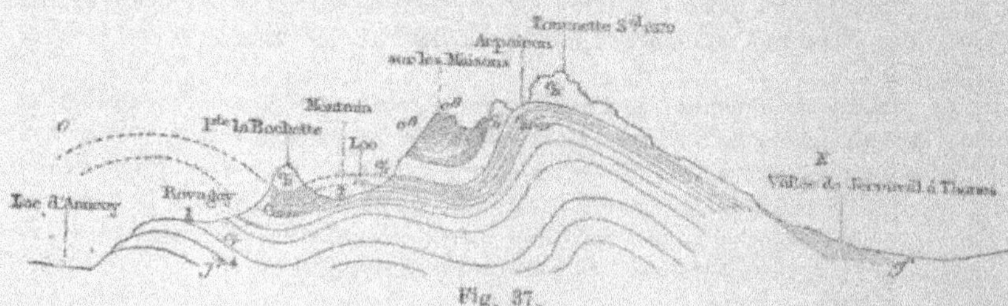

Fig. 37.

[1] *Ce synclinal est la suite au Nord de celui des chalets de Loos.*

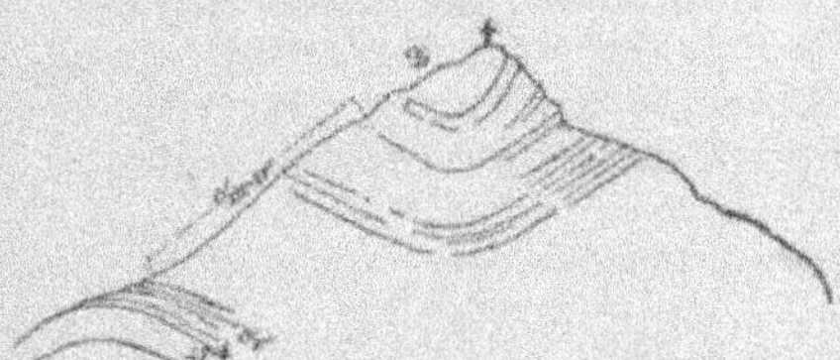

Fig. 38.

Vue de Pointe La Rochette depuis le Col de Forclaz.

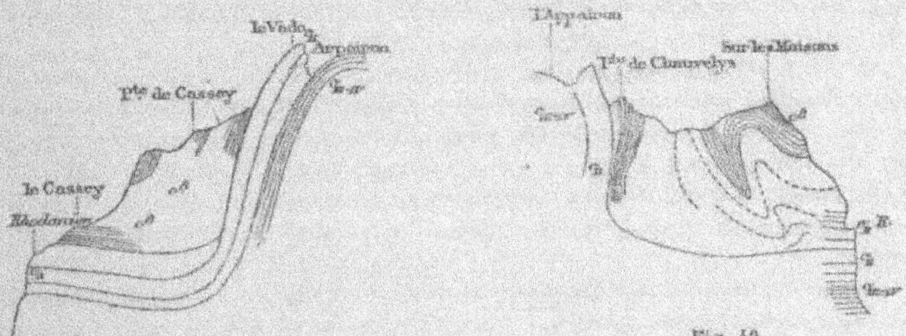

Fig. 39. Profil pris au Cassey.

Fig. 40. Plissements sénoniens vus du Cassey.

c^{8} Sénonien. — c^{1} Gault. — $c_{II}B$ Rhodanien. — c_{II} Urgonien. — c_{III-IV} Néocomien. — Valanginien. — J^{3-4} Jurassique supérieur.

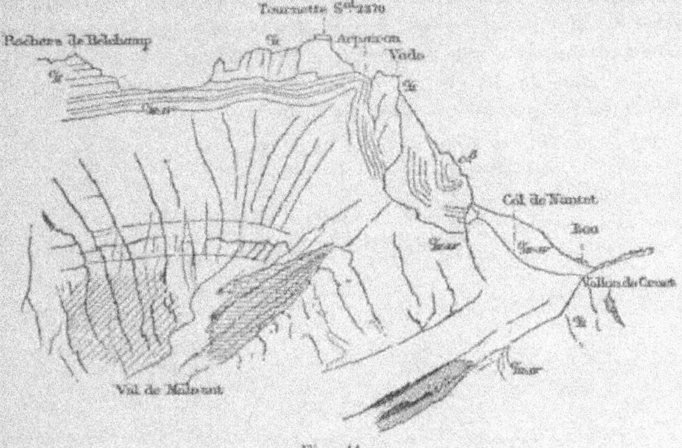

Fig. 41.

c^{8} Sénonien. — c_{II} Urgonien. — c_{III-IV} Néocomien.

Vue de la Tournette depuis l'arête médiane du vallon de Gruet.

Le Sénonien a ici une contexture très schisteuse et très délitable ; les plissements intenses qu'il laisse voir « Sur les Maisons » et à « pointe de Chauvélys » me font supposer qu'il s'est affaissé sur lui même par son propre poids, et que les plis sont le résultat d'une sorte de refoulement vertical opéré par les parties supérieures de la masse.

Nous allons voir maintenant ce que deviennent ces plis dans leur prolongement au Nord-Est.

Vallon de Cruet et du Lindion. Roche Murraz. — J'avais déjà précédemment émis l'idée que le vallon de Cruet était la continuation vers le nord du synclinal sénonien qui flanque la Tournette sur son versant Ouest, et je soupçonnais entre ces deux lambeaux un décrochement horizontal. Seulement, je considérais la Roche Murraz comme indépendante du vallon de Cruet.

Mes recherches de cet automne m'ont amené à la conclusion qu'en effet ces deux tronçons sont bien un seul et même accident, et qu'il existe entre les deux un décrochement d'environ 1500m de rejet horizontal, le tronçon de Cruet ayant été repoussé à l'ouest.

Seulement la Roche Murraz, que j'avais crue séparée du vallon de Cruet par une langue néocomienne, lui est réunie, et ne forme que le pan Ouest du fond de bateau.

Comme je l'avais établi précédemment, le synclinal Cruet-Lindion est rempli presque exclusivement par le Sénonien. L'Éocène ne s'y montre qu'en deux lamlambeaux isolés, séparés l'un de l'autre par le profond cirque qui domine le hameau de Montremont. L'éocène y est constitué de la façon suivante : 1° à la base, un grès schisteux se délitant en plaquettes, d'un gris bleu très clair, et renfermant en grande quantité des écailles de poissons et des débris charbonneux, informes, de végétaux terrestres ; 2° une brèche anguleuse, à cailloux de silex et de calcaire sénoniens, à pâte argileuse verte ou rosée, renfermant de petites nummulites. Cette dernière assise constitue deux sommités arrondies, de part et d'autre du dit cirque, et les couches de ce terrain reposent sur le Sénonien, tout en se montrant assez disloquées.

Fig. 42.

ep Eocène à écailles de poissons. — *en* Eocène à nummulites. — c^{8-a} Sénonien schisteux. — c^{8-b} Sénonien calcaire. — c^{1} Gault. — c^{II}R Rhodanien. c^{II} Urgonien. — c^{II-V} Néocomien. Flanc Nord du cirque.

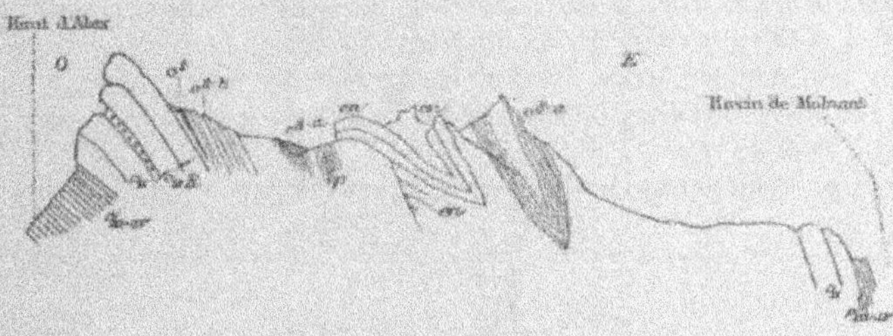

Fig. 43.
Flanc Sud du cirque.

Cette tectonique me paraît se relier avec celle que j'avais indiquée en 1888 pour la partie de ce vallon située plus au Nord, et elle correspond en même temps à celle des synclinaux accollés de Dran et des Auges.

Au pied méridional du lambeau éocène sud, sont situés les châlets du *Perthuis de Talamarche* ; ils sont bâtis sur le calcaire sénonien qui, ici comme en Cruet, perce le gazon sous forme de rangées parallèles de plaques calcaires isolées les unes des autres, comme si on avait pris soin de planter des dalles alignées, inclinées toutes du même côté. Elles s'appuient à l'ouest sur le Gault, le Rhodanien très développé et l'Urgonien qui forme la crête de Roche Murraz. Du côté de l'Est, un autre escarpement urgonien nous sépare du ravin de Malnant, creusé en plein Néocomien. Ici il y a encore une petite faille : le Crétacé supérieur butte contre l'Urgonien. Sur la ligne de faille s'engouffre un petit filet d'eau qui prend naissance 15 mètres plus haut, dans les schistes sénoniens.

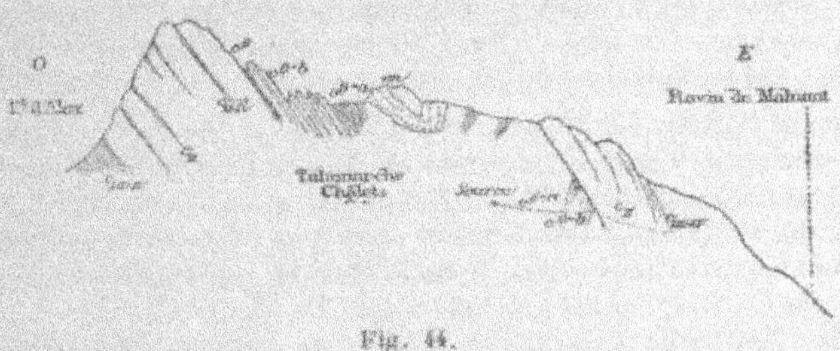

Fig. 44.

Tout cet ensemble, disposé en synclinal déjeté à l'Ouest, court au Midi et tombe dans le ravin qui descend du col du Nantet. Là, il butte contre le Néocomien qui supporte le synclinal urgonien de *Pointe-la-Rochette* et de *Roche-de-Roux* (feuille d'*Albertville*). Ce dernier pli vient aboutir lui-même sur la même ligne, un peu en amont du synclinal *Cruet*. Nous avons donc ici le heurt presque exact de deux synclinaux qui ne sont pas la continuation l'un de l'autre. La constitution de celui de Cruet en fait la suite de celui de « *Sur les maisons* » au flanc de la Tournette, et l'Urgonien de Roche-de-Roux, au lieu de remonter, comme je l'avais cru tout d'abord, pour former Roche Murraz, trouve sa suite naturelle dans le synclinal urgonien, identiquement constitué, qui s'appelle la Pointe de Lanfon ou Dent de Lanfon.

Cette disposition peut se traduire graphiquement par le schéma suivant :

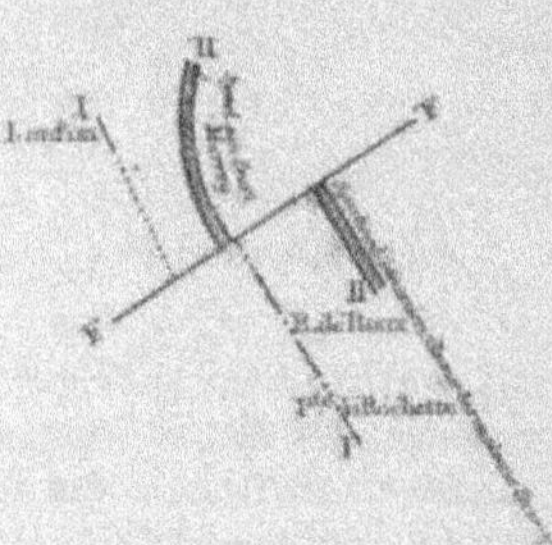

Fig. 45.
F-F. Plan de la faille ou décrochement horizontal. — I-I. Synclinal urgonien. Lanfon-Pointe la Rochette ; — II-II. Synclinal sénonien. Cruet-Murraz-Cassey.

Ainsi le grand espace qu'occupe le Néocomien au col du Nantet s'explique facilement.

Avec l'acquisition de ces résultats, disparaît la dernière incertitude qui me restait sur la géologie des environs d'Annecy dans le territoire qui m'a été dévolu. Cependant comme il n'est pas très scientifique de ne connaître un massif aussi important que la Tournette que *sur un lambeau d'un de ses versants*, je me propose de consacrer à l'étude de cette montagne quelques courses de l'été prochain. J'aurai en même temps à lever les tracés sur le flanc est de la *montagne de Cotagne*, qui est la lèvre orientale de la Tournette.

Ce rapport était écrit presque en entier lorsque je lus dans le *Bulletin de la Société géologique de France* le travail de M. Toucas sur *l'âge des couches de Berrias* ; je n'ai aucune preuve de leur existence dans ma région et je biffe donc le signe c_{VI} qui s'appliquait à des schistes noirs infra-néocomiens qui peuvent être tout aussi bien du Valanginien c_V, le Malm étant en entier calcaire.

Il me restera, pour l'année prochaine, dans les Hautes-Alpes :

L'étude définitive de la partie suisse des Dents Blanches, pour la parallélisation avec la Dent du Midi ;

La révision de la partie comprise entre la Tête au Taureau et la Couarraz, pour voir si, comme Favre l'affirme, il y a réellement un lambeau de nummulitique dans cette région ;

L'étude de la Vogealle, du col de Sageron et du col de Tannevergé ;

L'étude à nouveau du Grenairon pour arriver à une opinion arrêtée, maintenant que les niveaux jurassiques sont fixés ;

Enfin l'étude du triangle compris entre Saint-Martin, les Aiguilles de Varens et Servoz, rive droite de l'Arve ;

Et peut-être une nouvelle visite au col d'Anterne, soit de Servoz, soit de Samoëns.

J'espère, après ces excursions dans la haute montagne, éclaircir à nouveau quelques détails dans la vallée de Borne, au pied Nord-Est des rochers de Leschaux, entre cette sommité et le mont Brizon, et sur les flancs du vallon éocène situé entre les rochers de Leschaux et la chaîne de Jallouvre.

Annecy, le 4 décembre 1890.

Gustave MAILLARD.

Fig. 2. Coupe des Tours Salières d'après Mr Schardt

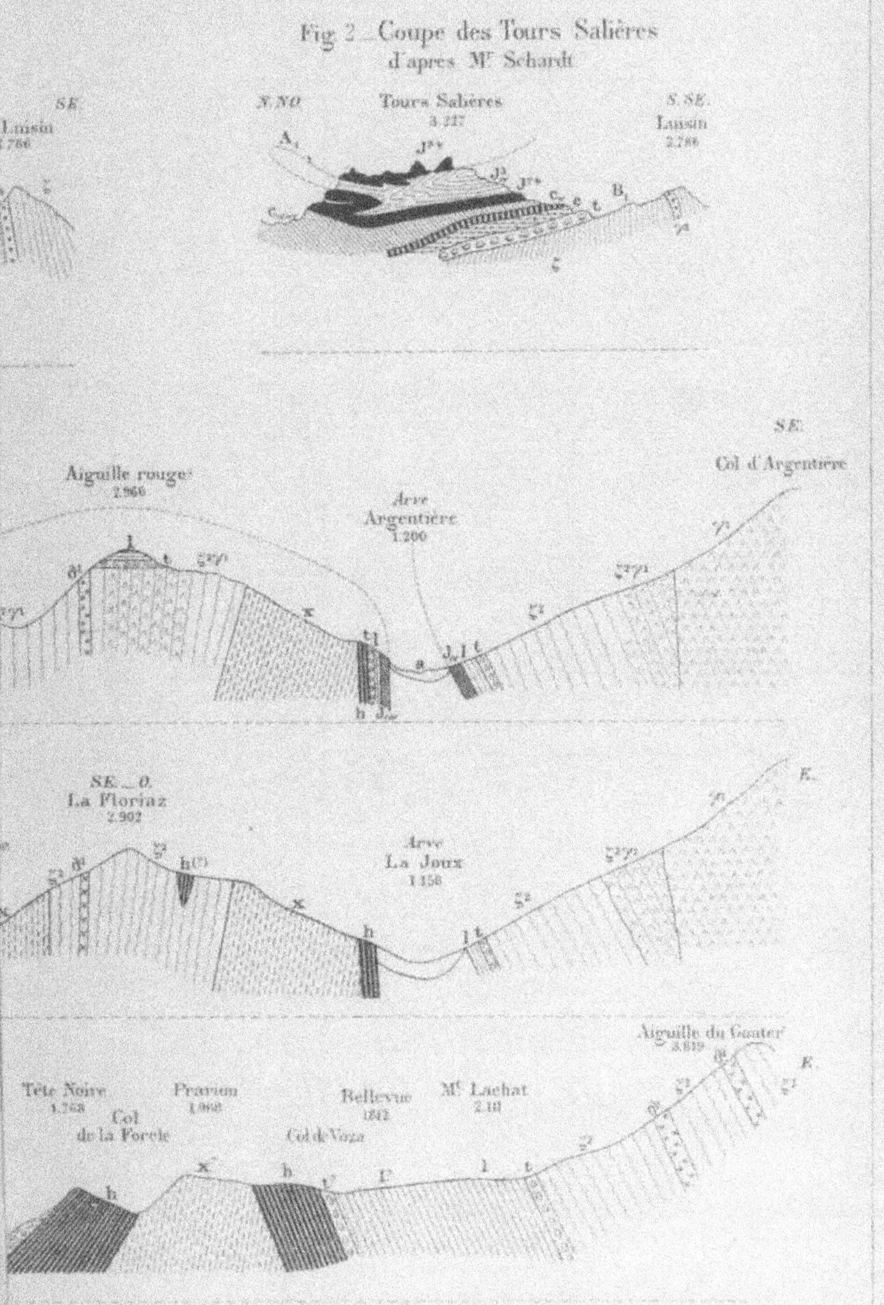

Imp. Monrocq

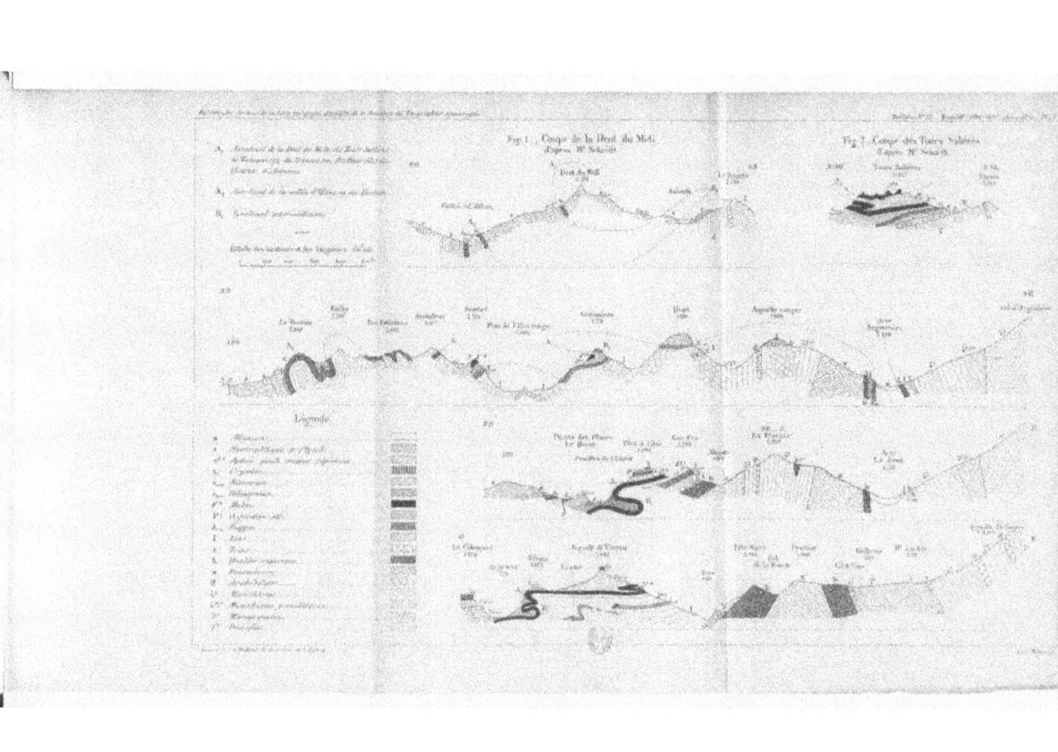
Fig. 1. Coupe de la Dent du Midi
Fig. 2. Coupe des Tours Salières
Légende

www.ingramcontent.com/pod-product-compliance
Ingram Content Group UK Ltd.
Pitfield, Milton Keynes, MK11 3LW, UK
UKHW022142170726
13837UKWH00004B/1737

9 782329 219714